LA
COULURE DU RAISIN

ET

L'INCISION ANNULAIRE

PAR

Le Comte DE FOLLENAY

Chevalier de la Légion d'honneur, Commandeur de Saint-Grégoire-le-Grand, etc.,
Membre de la Société régionale de viticulture de Lyon, etc.
Membre de la Société des Agriculteurs de France.

———◇◆◇———

« L'incision annulaire est une conquête assurée, définitive,
et la plus importante de toutes pour la fécondité de la vigne...
Absence de toute coulure, beauté de la grappe et des grains,
maturité hâtive et plus complète de dix à quinze jours : tels
sont ses principaux résultats. »

Dr Jules GUYOT, *Études des vignobles de France*,
tome III, page 117.

Prix : 3 francs

MONTPELLIER ET VILLEFRANCHE

AUX BUREAUX

du *Progrès agricole et viticole*

MONTPELLIER

G. COULET, libraire-éditeur.

1892

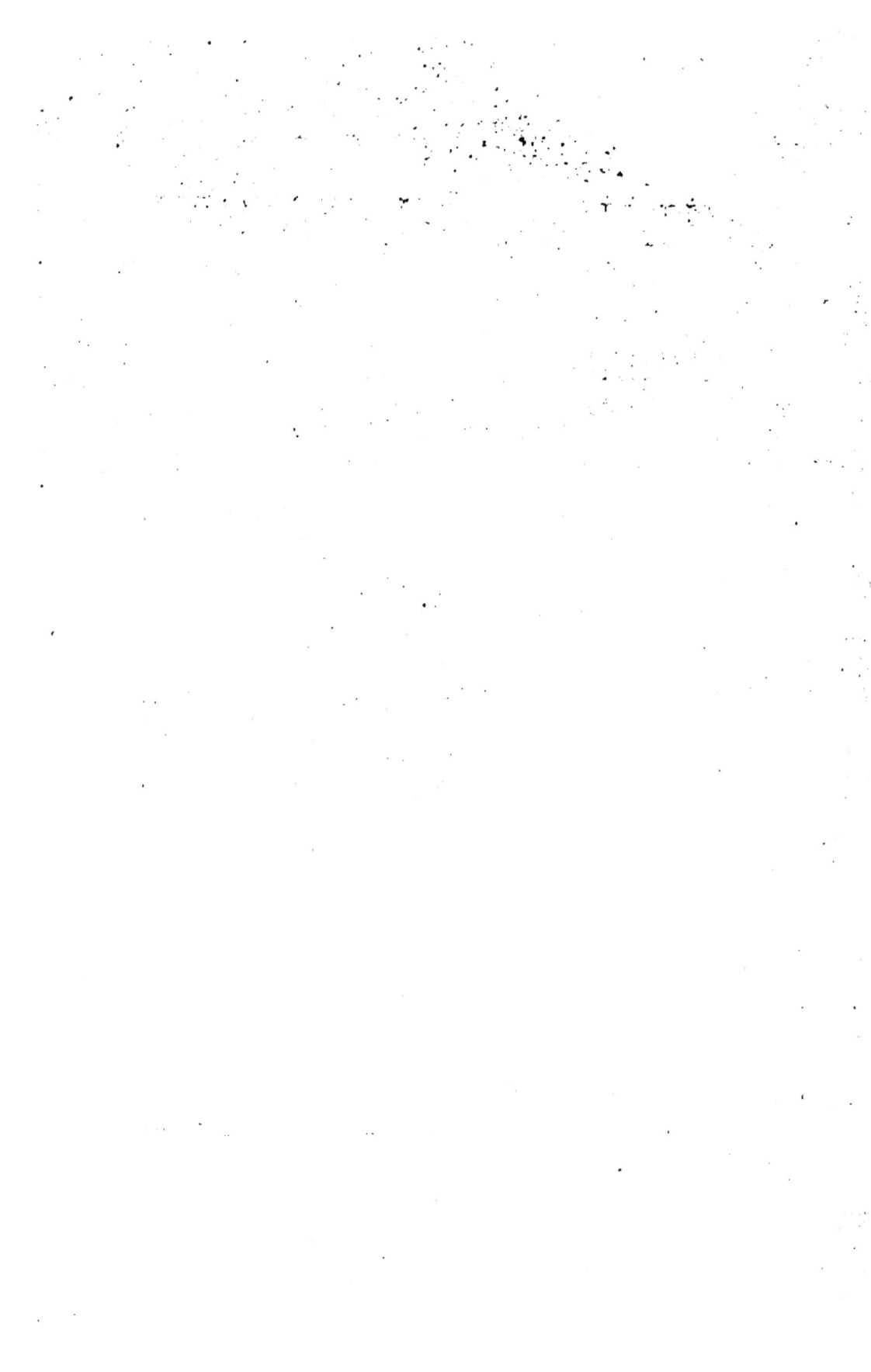

LA COULURE DU RAISIN

ET L'INCISION ANNULAIRE

MACON, PROTAT FRÈRES, IMPRIMEURS

LA
COULURE DU RAISIN

ET

L'INCISION ANNULAIRE

PAR

Le Comte DE FOLLENAY

Chevalier de la Légion d'honneur, Commandeur de Saint-Grégoire-le-Grand, etc.,
Membre de la Société régionale de viticulture de Lyon, etc.
Membre de la Société des Agriculteurs de France.

———◦◦◦———

« L'incision annulaire est une conquête assurée, définitive,
et la plus importante de toutes pour la fécondité de la vigne...
Absence de toute coulure, beauté de la grappe et des grains,
maturité hâtive et plus complète de dix à quinze jours : tels
sont ses principaux résultats. »

Dr Jules Guyot, *Études des vignobles de France,*
tome III, page 117.

Prix : 3 francs

MONTPELLIER ET VILLEFRANCHE
AUX BUREAUX
du *Progrès agricole et viticole*

MONTPELLIER
C. Coulet, libraire-éditeur.

1892

INTRODUCTION

La coulure et le manque de maturité du raisin. Leur remède commun : l'incision annulaire.

Deux grands fléaux climatériques, la coulure du raisin et le manque de maturité de la vendange, semblent depuis quelque temps, à l'exemple des maladies cryptogamiques et des ravages des insectes, acquérir presque partout une intensité et une fréquence redoutables. Leurs dommages pendant ces dernières années ont été considérables, et sont bien de nature à éveiller avec trop de raison les craintes les plus sérieuses du vigneron pour l'avenir de ses récoltes. Dans la plupart des contrées viticoles, en effet, la vigne française, passée maintenant pour une cause ou pour une autre à l'état de malade intéressante, laisse couler ou ne mûrit

plus ses fruits, malgré les soins habituels ensei-
gnés par la tradition, et semble se refuser à
rémunérer sa culture. La connaissance de ces
deux grands fléaux, de leurs causes et de leurs
remèdes, s'impose donc aujourd'hui aux viticulteurs, surtout dans la moitié septentrionale
de la France, où le manque de maturité est
plus commun, sans que la coulure, amenée
par les intempéries du printemps et spécialement aggravée aujourd'hui par les attaques du
mildew et autres maladies, y soit bien moins à
craindre.

La présente publication a pour but de leur
faciliter cette étude et de leur donner les
moyens pratiques, faciles et peu coûteux d'abord
de se défendre en même temps contre tous les
deux, ensuite non seulement de conserver, mais
encore d'augmenter dans de notables proportions à la fois la fertilité de leurs cépages et la
qualité de leur vendange.

Aussi complète que possible, elle comprend
deux parties :

La *première* est consacrée à la description de
la coulure et à celle de ses pernicieux effets
dans le monde viticole ;

La *seconde* à l'incision annulaire, remède

efficace et commun de la coulure et du manque de maturité du raisin.

I. — LA COULURE DU RAISIN

La coulure est le véritable adversaire de la fertilité, le plus grand ennemi de l'abondance de la récolte, qu'elle atteint également sous les différentes formes de ses deux espèces. *Constitutionnelle*, elle rend les cépages cultivés plus ou moins inféconds en les ramenant vers l'état sauvage, en faisant en quelque sorte rétrograder en fleurs dioïques ou polygames les fleurs polygames, les fleurs hermaphrodites dont les avait doté une longue suite de soins intelligents apportés à leur culture, soins parmi lesquels il faut placer au premier rang une taille rationnelle et la sélection constante des bois de reproduction. *Météorique,* elle fait avorter la fleur, empêche le fruit de nouer ou le fait tomber à peine formé. Sous ces deux formes réunies, elle n'arrive que trop souvent à diminuer considérablement la récolte, quelquefois même à la supprimer complètement, comme en 1886 notamment, dans des régions entières.

En ce moment où la culture de la vigne est sujette à peu près partout à tant de maux divers, il est du plus grand intérêt pour tous, propriétaires, viticulteurs et vignerons, mais surtout pour ceux d'entre eux qui sont exposés souvent ou même périodiquement à la coulure *météorique,* de connaître les modes d'action divers de ce funeste fléau, ses différentes causes et les remèdes pratiques que l'on peut utilement lui apporter. Le présent volume est spécialement destiné : d'abord à leur fournir les renseignements nécessaires pour bien connaître ce mal redoutable sous ses différentes formes ; ensuite pour le combattre avec succès.

Il est en effet consacré : à la description détaillée des diverses manières dont la coulure enlève au vigneron le fruit de son travail de l'année, en venant au printemps faire en quelque sorte la vendange du raisin en fleurs ou en grains à peine formés ; à la recherche et à l'explication des causes diverses qui peuvent amener les deux espèces différentes de coulure : *constitutionnelle* et *météorique,* et les diverses formes de cette dernière : *coulure de l'apparue, coulure de la fleur, coulure du fruit ;* enfin à l'indication minutieuse des moyens de les combattre et d'appliquer les meilleurs remèdes que l'on peut pratiquement lui apporter suivant les circonstances.

II. — LE MANQUE DE MATURITÉ DE LA VENDANGE

De même que la coulure est le grand ennemi de la fertilité des cépages, par conséquent de la quantité et de l'abondance de la récolte, le manque de maturité est, assez généralement en France, mais surtout dans la moitié septentrionale de nos vignobles, le grand adversaire de la qualité de la vendange et du vin. Depuis quelque temps déjà, ce terrible fléau sévit avec intensité dans de nombreuses régions et prend, spécialement dans l'Est et le Nord-Est, depuis les confins du Jura où commence la culture des cépages de 2ᵉ et 3ᵉ époque de maturité, jusqu'aux bords du Rhin, les proportions d'un véritable désastre.

Un phénomène climatérique, malheureusement des plus importants à étudier, se produit, en effet, depuis une certaine période d'années, dans nos contrées septentrionales surtout, avec une force et une fréquence qui tendent de plus en plus à lui faire perdre son caractère exceptionnel. Ce phénomène désolant et malheureusement trop facile à constater surtout en ces dernières années, c'est un notable abaissement de la somme du calorique habituellement fourni aux végétaux dans nos divers climats septentrionaux pendant la période de végétation, c'est l'importante diminution de la chaleur, agent principal de la formation du sucre, et du nombre des degrés qui sont nécessaires à nos variétés cultivées pour amener leurs fruits à bonne maturité.

Le nombre de ces degrés de chaleur varie avec les différents cépages. Tandis que les cépages de première époque se contentent de 2,300, il en faut 3.500 pour faire parcourir aux cépages de deuxième époque de maturité les phases annuelles de leur végétation et fructification et jusqu'à 5.000 pour les plus tardifs. M. de Gasparin a divisé tous les cépages en sept classes, au point de vue de la précocité ou de la tardivité, et déterminé ainsi pour chacune d'elles les conditions calorimétriques de maturation et l'époque moyenne où elle se produit dans le Midi et sous le climat de Paris :

Époques	Nombres proportionnels à la quantité de chaleur nécessaire pour la maturation	Époque de maturation	
		Dans le Midi	A Paris
1re époque	2,264	15 juillet	28 août
2e —	3,400	25 août	7 octobre
3e —	3,564	1er septembre	20 —
4e —	4,133	27 —	ne mûrit pas
5e —	4,238	2 octobre	—
6e —	4,392	10 —	—
7e —	5,000	31 —	—

Les cinq mille degrés des cépages les plus tardifs paraissent le maximum de chaleur que peut supporter la vigne cultivée, puisque d'après Arago, la culture de la vigne cesse là où la datte mûrit, et que d'après Ch. Martins il faut 5.100 degrés pour l'amener à maturité[1].

La diminution actuelle de la chaleur a pour conséquence immédiate la difficulté de plus en plus grande que les raisins de seconde époque de maturité, à plus forte raison ceux de troisième, ont maintenant à mûrir dans les vignes du Centre, de l'Est et du Nord de la France.

Dans cette vaste région, où la culture de la vigne occupe encore une étendue considérable et produit les crus les plus renommés, on peut dire qu'à part certaines années exceptionnelles et quelques situations privilégiées, il n'y a plus guère que les Pineaux et les Gamays qui arrivent généralement à une maturité satisfaisante.

On peut en discuter la cause; n'y voir avec

1. M. Pulliat, auquel je dois cette citation de M. Risler et auquel je viens de soumettre cette différence, me la confirme en ces termes : « Ecully, 26 novembre 1890. — La citation que « j'ai faite de M. Rissler est puisée dans son Traité de Géologie « et je l'ai entendue à diverses reprises de sa bouche. L'essai « qu'il avait fait sur le Chasselas avait été suivi avec beaucoup « de soins et répété à plusieurs reprises dans son vignoble de « de Lyon. »

les optimistes que le résultat passager d'accidents météoriques sans influence sur le cours ancien des saisons, ou mieux y trouver avec le plus grand nombre, soit la conséquence du refroidissement général et progressif de l'écorce terrestre, soit le résultat d'un refroidissement seulement partiel de nos contrées occasionné par un déplacement des courants du Gulf-Stream ou pour toute autre cause.

Quoi qu'il en soit, le fait lui-même que les raisins de seconde époque, ceux à jus rouge surtout plus sensibles au froid, n'arrivent plus maintenant, dans la moitié septentrionale de la France, généralement à complète maturité, est indiscutable et il faut aviser.

En ces dernières années et cette année même, de l'Auvergne aux Ardennes, des coteaux de la Loire et de la Seine aux Alpes et au Jura, presque partout les cépages de seconde époque, et à plus forte raison ceux de troisième, n'ont pas mûri ou ont mal mûri leurs fruits, et la conséquence a été une perte cruelle pour le vigneron dans une année qui aurait pu être sans cela une année d'abondance relative. Dans cette vaste région, les pays à sol jurassique ont pu avoir encore, à bonne exposition, une récolte passable avec les cépages de seconde époque; mais dans les autres, et notamment dans les terrains à sables des contrées à sol néocomien, leurs raisins sont restés presque à l'état de verjus, si bien qu'à la vendange, on ne savait souvent que faire de la récolte. Le baptême de ces affreux vins de verjus a été fait en Alsace en 1888, et le fameux Crispi de cette année a détrôné dans la mémoire du vigneron de l'Est, le léger, mais abondant Garibaldi de 1860 ; quant au 1890, il échappe dans nos pays à tout baptême et sa qualité ne peut avoir de nom dans aucune langue.

Il n'est malheureusement pas douteux que la culture de la vigne ne se trouve lentement, mais d'une manière continue, peu à peu repoussée des contrées septentrionales vers les régions du Midi plus favorisées du soleil. Sans parler de l'Angleterre, où la culture de la vigne était très répandue au xii⁰ siècle et donnait d'excellents vins dans la vallée de Glocestershire, la Normandie possédait, au moyen âge, beaucoup de vignes et même des vignobles importants ; aujourd'hui, de ses vins devenus peu à peu imbuvables par défaut de maturité, il ne reste plus que le souvenir de l'aigreur extrême qui les a fait rejeter de la consommation. Suresnes et Argenteuil, autrefois renommés, remplacent aujourd'hui les « Tranche-boyaux d'Avranches et Rompt-ceintures de Laval », et sont appelés par la même cause à disparaître aussi dans un temps plus ou moins rapproché.

La vie d'un homme suffit à elle seule pour faire cette constatation douloureuse, car les vieillards d'aujourd'hui ont pu voir encore la vigne cultivée en espaliers en Belgique et ainsi que dans les Flandres, plus récemment en plein champ dans la Picardie.

Maintenant, l'Aisne elle-même ne possède plus de vignes que dans sa partie méridionale bordant la Champagne, et non seulement la vigne, mais les noyers eux-mêmes tendent à disparaître du Nord de la France, où naguère encore leurs fruits alimentaient de nombreux moulins à huile.

Faut-il donc, dès maintenant, dans ces contrées où ils étaient depuis si longtemps cultivés avec succès, songer à abandonner les cépages de seconde époque, produits précieux d'une longue sélection, jusqu'à présent les mieux appropriés au sol, au climat, aux habitudes locales, qui donnent aux vins de chacune de ces différentes contrées viticoles leur caractère particulier, les qualités diverses qui les ont fait connaître et apprécier?

Le Centre devra-t-il renoncer aux Chenins ou Pineaux de la Loire, qui produisent en Touraine les vins blancs de Vouvray et les vins rouges de Joué, de Bourgueil, etc.; dans l'Anjou, les vins blancs des coteaux de Saumur et les ordinaires rouges de première qualité de Maine-et-Loire? Le Loir-et-Cher devra-t-il rejeter les Cots qui sont la base de la culture de la vigne en chaintres et donnent les vins estimés de Thésée, de Monthou, etc., ainsi que ceux d'Athée dans l'Indre-et-Loire? La Basse-Bourgogne devra-t-elle donc abandonner les cépages de seconde époque qu'elle a emprunté à ses voisins : le César, le Tressot, le Cot ou Plant de Roi, le Franc noir, etc., pour en former avec ses Pineaux, les crus renommés des Olivettes, des Perrières, etc., près de Tonnerre; de Migraine, de la Chainette, etc., près d'Auxerre; de la côte Saint-Jacques, près de Joigny? La Bourgogne tout entière ne pourra-t-elle être atteinte dans ses excellents vins blancs, de Montrachet comme de Chablis, par le défaut de maturité du Pineau blanc Chardonay qui est presque un cépage de seconde époque? Le Jura devra-t-il renoncer à ses excellents vins rouges d'Arbois, des Arsures, etc., en abandonnant le Pulsard et le Trousseau; à ses vins blancs renommés de

Château-Chalon et de l'Étoile en rejetant le Savagnin? La Savoie, à ses bons ordinaires, comme ceux de Montmélian, à ses vins blancs du coteau d'Altesse, etc., en proscrivant les Mondeuses, les Hiboux et les Persans? Le Rhône, à son tour, devra-t-il renoncer avec le Vionnier aux vins blancs de Condrieux, comme l'Ardèche, avec la Roussane et la Marsanne, aux jolis vins de Saint-Péray?

Les gourmets surtout seraient-ils même, dans l'avenir, obligés de faire leur deuil de ces perles viticoles qui s'appellent Ermitage et Côtes-Rôties, si le Dauphiné devait rendre à l'île de Chypre la grosse et la petite Syrah, précieux cépages qui, suivant une légende locale, en auraient été rapportées, au xiii° siècle, par des moines vignerons et plantés par eux au pied du vieux temple d'Hercule, consacré à saint Christophe, qui domine encore les coteaux de l'Ermitage?

Une pareille hécatombe serait un désastre irréparable qui entraînerait des pertes encore plus cruelles que celles causées jusqu'ici par les maladies cryptogamiques et les ravages des insectes; ce serait, pour la viticulture française et pour les amateurs, un malheur qui doit être évité à tout prix. Évidemment, l'abandon des plants de seconde époque n'est pas encore imminente dans toute la moitié septentrionale de la France; cependant elle paraît déjà néces saire dans ses régions élevées, les contrées mal exposées, les terrains à sol humide ou froid. Dans ses autres parties, l'étude de cette question et des moyens de conservation de ces cépages, précieux à plus d'un titre, s'impose, dès mainte- nant, à l'attention des viticulteurs, car elle est placée forcément à l'ordre du jour par ce phé- nomène climatérique de plus en plus accentué, quoique irrégulier dans ses manifestations, de la diminution de la somme de la chaleur pen- dant la période de végétation.

III. — L'INCISION ANNULAIRE

Comment conjurer une aussi désolante expec- tative? Quel remède apporter à ce manque de chaleur qui laisse maintenant le plus souvent les raisins de seconde époque plus ou moins complètement à l'état de verjus? Agir sur le climat n'est guère possible; augmenter la cha- leur du sol est toujours difficile, sinon impos- sible le plus souvent. C'est donc sur la vigne elle-même qu'il faut concentrer ses efforts : c'est sur le raisin qu'il faut agir pour augmenter sa facilité à arriver promptement à bonne maturité. Le seul remède pratique et complet contre ce défaut de chaleur et cette difficulté à mûrir, c'est la transformation des raisins de seconde époque de maturité en raisins de première, mûrissant en même temps que le Chasselas de Fontainebleau et le Petit Pineau de Bourgogne.

Une telle transformation est-elle possible? Ce remède radical existe-t-il réellement?

Non seulement ce remède existe, mais son application, c'est-à-dire le moyen d'opérer cette transformation, qui, au premier abord, paraît au moins très difficile, est à la fois certain, facile et peu coûteux.

Ce remède sauveur, c'est l'incision annulaire.

Sur ce point, comme sur bien d'autres, l'incision annulaire de la vigne a fait depuis longtemps ses preuves, et il n'est même pas contesté qu'elle n'avance d'au moins quinze jours la maturité du raisin. Quinze jours forment justement la période qui sépare l'une de l'autre chaque époque de maturité. En avançant leur maturité d'une quinzaine, l'incision transforme donc les raisins de seconde époque en raisins de première, synchrones du Chasselas, et place leur vendange plutôt avant qu'avec celle du

Pineau et du Gamay. Grâce à l'incision, la question de maturité des raisins de première et de seconde époque peut donc être tranchée partout spécialement en leur faveur et leur conservation assurée dans la moitié septentrionale de la France, au grand avantage des vignerons et des consommateurs de ses crus un instant menacés dans leur qualité, si ce n'est dans leur propre existence.

L'incision annulaire ne possède pas seulement cet unique avantage d'assurer la bonne maturité des cépages de deuxième époque dans les vignobles septentrionaux ; elle est en plus le remède assuré, l'antidote spécial et exclusif, on peut dire, de la coulure météorique. A ce titre, elle est donc doublement précieuse pour les vignerons de cette contrée et des plus utiles pour les vignerons méridionaux dont les vignobles sont plus exposés à ses funestes atteintes.

En effet, l'incision annulaire supprime la coulure du raisin, sinon sur tous les cépages, au moins sur leur immense majorité et spécialement sur ceux de seconde époque cultivés dans nos vignobles. Quoique plus fréquente et plus terrible dans les contrées chaudes et humides et surtout dans les pays maritimes, elle n'en cause pas moins, chaque année, dans nos régions septentrionales, des pertes plus ou moins considérables et souvent y fait d'énormes ravages, lorsque les intempéries du printemps la favorisent. On peut même dire que les deux grands fléaux climatériques qui semblent s'être partagé le monde viticole, la gelée et la coulure, cette dernière est encore la plus redoutable, puisque, au contraire de la gelée qui au moins s'arrête à certaines limites et ne revient généralement qu'après plusieurs années, la coulure n'en respecte aucune, s'étend à tous les pays et vient généralement visiter ceux du domaine habituel de la gelée les années mêmes où celle-ci les a épargnés. L'incision annulaire augmente donc à la fois la quantité et la qualité de la vendange.

Non seulement elle assure la quantité en empêchant la coulure, et la qualité en amenant une bonne maturité, mais le rendement en jus du raisin et sa valeur sont encore accrus dans de notables proportions, par conséquent la rémunération du vigneron. L'incision favorise, en effet, le développement du raisin, ainsi que le grossissement du grain et augmente la quantité du jus qu'il contient. De plus, elle accroît de deux degrés environ la richesse sac-

charine du mout et par conséquent d'autant la
force alcoolique du vin. Comme le prix du vin
tend de plus en plus à s'établir suivant ses
degrés d'alcool, il y a certainement dans ces
différents et heureux résultats la source d'un
notable bénéfice pour le vigneron.

En résumé, l'incision annulaire assure la
maturité des cépages de 1re et 2e époque dans
les vignobles septentrionaux et permet dans le
Midi la culture avantageuse des gros raisins
de 3e et 4e époque; elle supprime dans tous la
coulure météorique; elle accroît à la fois le
rendement du jus et la qualité du vin.

Son application est facile, rapide et peu coûteuse dans les vignobles les plus étendus comme
sur les treilles des jardins avec les instruments
spéciaux que nous avons fait fabriquer par
M. Renaud, de Lyon, pour la bonne exécution
de cette délicate opération[1]. Ces instruments,
fort bien construits, dont les journaux viticoles
les plus autorisés : la *Vigne américaine*, la
Vigne française, le *Journal d'agriculture*

1. *Les inciseurs annulaires Follenay*, à branches pour grand
travail, circulaires pour exécuter l'incision dans le plus petit
espace, sont en vente au prix de 8 et 5 fr., chez M. A. Renaud,
fab. de cout. ag. et vit., 14, rue de Constantine, à Lyon, et
chez M. Vermorel, à Villefranche (Rhône).

pratique, etc., ont fait unanimement l'éloge, exécutent nettement et rapidement l'incision anulaire, sont solides, d'un maniement facile et d'un prix à la portée de toutes les bourses. Elle n'a aucun inconvénient, quand elle est judicieusement appliquée et spécialement suivant les règles que nous avons données dans l'*Application pratique de l'incision annulaire*[1], pas même celui d'appauvrir à la longue le système radiculaire, seul défaut que la théorie, si souvent contredite par l'expérience, comme le raisonnement détruit par le fait, avait pu lui prêter un instant avec quelque apparence de raison.

De combien de pratiques agricoles ou viticoles pourrait-on faire un pareil éloge ?

Heureux si cette étude aussi complète que possible des meilleurs moyens d'assurer et d'augmenter la fertilité des cépages aussi bien américains qu'asiatiques, peut rendre quelques services :

---

1. *Application pratique de l'incision annulaire sur les treilles et dans les vignobles les plus étendus,* par le comte de Follenay, chevalier de la Légion d'honneur, commandeur de Saint-Grégoire-le-Grand, etc., membre de la Société des agriculteurs de France, membre de la Société régionale de viticulture de Lyon. En vente aux bureaux du *Progrès agricole et viticole,* chez M. Vermorel, à Villefranche (Rhône). Prix : 1 fr. 50; franco, poste : 1 fr. 75.

Aux courageux vignerons de la mère-patrie, que n'ont pu rebuter ni les intempéries des saisons, ni les maladies cryptogamiques, ni les rudes attaques des insectes devenus légion, et dont les efforts persévérants sont parvenus déjà à reconstituer en partie, par l'emploi des insecticides et des antidotes spéciaux, mais surtout à l'aide des cépages américains, à la fois la cause et le remède du phylloxera, son domaine un instant menacé dans sa propre existence ; — *aux intelligents viticulteurs de notre belle France africaine,* qui n'ont plus aujourd'hui que quelques progrès à réaliser dans la culture de leurs vignobles, mais surtout dans la vinification spéciale que réclame leur climat, pour faire classer parmi les meilleurs de chaque sorte les vins que leur pays fournit maintenant en abondance ; — aussi *à ces hardis pionniers de la viticulture,* qui n'ont pas craint de quitter leurs foyers de la vieille Europe pour aller porter la culture de la vigne, ce levier le plus puissant à la fois de la colonisation et de la civilisation, dans ces vastes contrées de l'Océanie et du Nouveau-Monde que la facilité, la rapidité et le bon marché actuels des communications viennent d'ouvrir à leur activité et à leur énergie, et qui, pleins de confiance dans

les destinées de ces nouveaux pays auxquels
l'avenir semble de plus en plus sourire à mesure
qu'il devient plus noir de ce côté de l'Océan,
sont allés appliquer à leurs terres encore
vierges ces nouvelles méthodes, ces systèmes
perfectionnés dont l'emploi ne pouvait plus
arracher aux vignes de leur pays natal la juste
rémunération du travail de leurs bras et des
efforts de leur intelligence.

Puisse ce modeste traité, fruit d'une longue
expérience et de nombreux travaux, aider *tous
les viticulteurs et les vignerons* à conquérir
dans leurs pays respectifs le succès, aujour-
d'hui, hélas! si rare dans nos contrées de la
vieille Europe, et leur procurer à tous, comme
j'en ai l'espérance, la victoire sur deux au
moins des plus terribles ennemis que produisent à l'envi, depuis quelque temps contre
la pauvre vigne asiatique, maintenant un peu
vieillie et anémiée par son bouturage séculaire,
à la fois le sol et les éléments, les climats et les
saisons, les végétaux ainsi que les animaux, et
aussi, il faut bien l'avouer, trop souvent l'ignorance doublée de la routine !

LA

COULURE DU RAISIN

CARACTÈRES GÉNÉRAUX DE LA COULURE

SOMMAIRE. — Définition. — La coulure est-elle une maladie ou un accident? — Généralité de la coulure. — Importance de ses ravages.

§ 1. — *Définition.*

On entend généralement par coulure l'avortement des fleurs, qui tombent sans nouer leurs fruits.

Ce regrettable accident, qui compromet ainsi forcément l'avenir de la récolte d'une manière plus ou moins complète, suivant son intensité, doit être appelé spécialement *coulure de la fleur* par opposition à la *coulure en vert,* qui a lieu avant la floraison, lors du premier développement des apparues, et à

1

la *coulure du fruit*, qui ne se produit qu'après la fleur, quand la grappe est déjà formée en petits grains et que ces grains se fondent, comme on dit, après une bonne fécondation.

On doit donc définir plus complètement la coulure en disant que c'est *l'accident qui empêche les fleurs de se former normalement, de nouer leurs fruits et fait tomber ou disparaître les grains à peine formés.*

§ 2. — *La coulure est-elle une maladie ou un accident?*

La coulure, en effet, n'est pas à proprement parler une maladie, mais bien plutôt un accident, puisqu'elle est amenée, le plus généralement, par les intempéries du printemps, comme les gelées printanières. Mais on peut dire cependant avec trop de justesse, qu'elle tient à la fois des deux, parce que, si la coulure a pour cause le plus souvent les accidents météoriques du printemps, qui font avorter la fleur en atrophiant ses organes reproducteurs, elle est occasionnée aussi par une conformation vicieuse de ces organes et par la défectuosité de la sève appauvrie qui ne permettent plus aux apparues de bien se développer, aux fleurs de nouer leurs fruits, aux jeunes grains de vivre et de prospérer. Cet appauvrissement de la sève est, chez les plantes, une véritable maladie, généralement accidentelle et de courte durée, mais qui peut devenir aussi constitutionnelle et, comme l'appauvrissement du sang chez l'animal, amener avec elle l'anémie, la chlorose et toutes les autres misères végétales et pathologiques.

§ 3. — *Généralité de la coulure. Importance de ses ravages.*

La coulure est la grande ennemie, à la fois climatérique et physiologique, de la fertilité et de la fructification. C'est malheureusement un mal assez commun dans presque tous les vignobles et assez fréquent dans la plupart des contrées viticoles du monde entier. On pourrait même dire qu'elle est universelle, car elle existe partout, s'attaque plus ou moins à tous les cépages, exerce toujours pendant la période critique de la floraison une action plus ou moins sensible, généralement nuisible, souvent même des plus pernicieuses, et, soit physiologique, soit constitutionnelle, soit climatérique, s'attaque à la fertilité de toutes les espèces et de toutes les variétés.

Peut-être pourrait-on dire, au moins en principe, que son influence avantageuse ou nuisible n'est qu'une question de proportion, si les exemples de son utilité n'étaient pas aussi rares. En effet, contenue dans de faibles limites, sur certains cépages prodigues de fleurs et de grains, son action pourrait peut-être rester utile en faisant avorter quelques-

uns d'entre eux, lorsqu'ils sont par trop abondants.
Elle remplacerait alors économiquement le ciselage
et donnerait naissance à des grappes moins serrées
et à grains plus gros et plus juteux.

C'est ainsi que, par une rare exception, les
Champenois, au contraire de tous les autres vignerons, traitent en ennemie l'adversaire implacable de
la coulure, l'incision annulaire et regardent la
coulure comme un auxiliaire, déclarant : « qu'elle
donne à la cuve des grappes moins compactes, préférables pour les vins mousseux. » Cette opinion,
déjà ancienne en Champagne, est encore assez acré-
ditée aujourd'hui pour que les marchands de vins
mousseux de ce pays n'achètent pas les raisins de
vignes incisées malgré leur augmentation de qualité ;
aussi a-t-elle fait dire à M. Charles Baltet, leur
compatriote : « Bons Champenois, que n'observez-
vous les préceptes de La Quintynie? Le célèbre
jardinier de Louis XIV engage à faire couler les
muscats trop serrés, en projetant de l'eau en pluie
sur les fleurs au moyen d'une pompe ou d'un
arrosoir? » En admettant à la rigueur qu'une légère
action de la coulure pourrait parfois être utile sur
des grappes à petits grains de 14 à 17 millimètres de
diamètre, généralement très serrés comme ceux des
Pineaux, cépage assez réfractaire à la coulure
quoique un peu saisonnier, il faut bien reconnaître
que son influence ne se maintient jamais qu'exceptionnellement dans des limites avantageuses ou

même anodines et qu'en fait elle est presque toujours pour le vigneron une cruelle ennemie, connue seulement par les pertes plus ou moins fortes et fréquentes qu'elle occasionne dans tous les vignobles.

En réalité, la coulure du raisin est l'un des plus grands fléaux de la viticulture, fléau d'autant plus dangereux que son action est plus vaste dans le monde viticole, son influence délétère sur la fructification généralement moins frappante aux yeux du vigneron, ses manifestations plus nombreuses et plus étendues. C'est malheureusement avec trop de raison que l'on peut qualifier son action à la fois de très vaste et de très pernicieuse dans le monde viticole, puisqu'elle l'exerce, d'une manière plus ou moins forte et plus ou moins fréquente dans tous les vignobles connus, sur tous les cépages de l'ancien et du nouveau continent, et que ce n'est qu'à l'aide de mesures préventives spéciales dans les modes de taille et de plantation, et surtout par la sélection des bois de reproduction, que l'on parvient à diminuer, sans pouvoir empêcher jamais complètement ni toujours ses dangereux effets.

La coulure exerce le plus souvent ses ravages lentement et sous différentes formes peu apparentes; mais elle agit souvent aussi avec une intensité considérable sur des régions entières, quand les circonstances climatériques ou les phénomènes du printemps, les variétés des cépages la favorisent. Elle forme, en premier lieu, avec la gelée et la grêle,

cette fatale trinité d'accidents météoriques, qui
viennent chaque année enlever au vigneron une
portion plus ou moins considérable de la future
récolte et souvent même vendanger à sa place le
raisin en fleurs ou encore en bourgeons.

Moins capricieux, mais plus ambitieux que la
grêle, qui frappe à l'aventure et au gré des orages
ses coups rapides et locaux, ces deux grands fléaux
météoriques de la viticulture universelle, la coulure
et la gelée, semblent s'être partagé la terre entière
et s'être donné dans le monde viticole la terrible
mission d'enlever au vigneron, dès le printemps, le
fruit de ses constants travaux de l'année. En effet,
aux limites climatériques où s'arrêtent généralement les gelées printanières apparaît habituellement la coulure, qui vient les remplacer avec plus
ou moins de dommages presque périodiquement
chaque année. Tous deux exercent leurs ravages
presque aussi fréquemment et avec des conséquences
non moins funestes dans les contrées qui leur sont
propres, et que leur altitude, leur sol, leur situation
géographique et climatérique, constituent en quelque
sorte leur apanage, de sorte que la terre entière
forme leur domaine et qu'à peu près partout où la
vigne existe, le vigneron doit compter avec l'un au
moins de ces deux fléaux, sinon avec tous les deux,
comme, par exemple, dans les limites aussi vastes
que mal définies qui les séparent. Si même un prix
était à décerner dans cet infernale concurrence, la

coulure devrait sans doute l'emporter, parce que
plus périodique et non moins funeste dans les contrées qui lui sont favorables, elle vient encore le plus
souvent remplacer les gelées printanières dans les
régions qui lui sont habituellement soumises,
lorsque la douceur du printemps les en a pré-
servées.

Aussi les ravages de la coulure sont-ils presque toujours importants, souvent considérables et dépassent
même quelquefois, surtout dans les régions qui y
sont le plus exposées par leur climat ou le choix
des cépages, les désastres causés par les plus fortes
gelées printanières. Sans remonter jusqu'à 1816,
année pluvieuse et froide qui paraît être restée, dans
les souvenirs des vignerons et, d'après les documents
de cette époque, comme l'une de celles de notre siècle
les plus éprouvées par la coulure, il serait facile de
donner de nombreuses preuves plus récentes de ses
pernicieux effets dans la plupart des vignobles
français ; cette année même elle a été assez forte surtout dans le Centre pour que la *Vigne américaine*
de M. Pulliat ait pu dire que : l'année 1890 peut
compter parmi celles ou l'on en aura eu le plus
(V. Pulliat, *Vigne américaine*, août 1890, page 251).
Comme de tels exemples n'auraient guère ici qu'un
intérêt de statistique, il suffira de rappeler comme
preuve de l'importance que prend souvent ce mal de
la coulure, les pertes générales qu'elle a causées en
1886 dans la presque totalité des vignobles français

et étrangers. Après avoir montré, en effet, cette année-
là une magnifique apparence jusqu'à la floraison,
presque tous les cépages ont fini, surtout dans les
contrées du Nord-Est, du Centre et de l'Ouest de
la France, par ne donner à la vendange que de
misérables grappilles insuffisamment mûres pour la
plupart. La déception causée par ce terrible fléau fut
encore d'autant plus cruelle pour le vigneron des
contrées soumises aux gelées printanières que son
ennemi le plus redouté, la gelée, qui vient si souvent
vendanger à sa place, lui avait épargné ses ravages
et avait laissé la vigne se couvrir sous le beau soleil
du mois de mai de nombreuses et grosses apparues
aux plus riches promesses. Malheureusement les
gelées printanières furent bien vite remplacées,
comme cette année même dans le Nord-Est et le
Centre, par des brouillards et des pluies froides, et les
pauvres fleurs ne vécurent même pas ce que vivent
les roses, ne laissant après elles sur les grappes
dénudées que quelques grains largement espacés.
Dès lors la vendange était faite avant terme sans
même le concours de la gelée, des insectes, de la
grêle ou des maladies cryptogamiques, et une fois de
plus dans la triste période que traverse aujourd'hui
la viticulture, surtout dans le Nord-Est de la France,
le vigneron n'avait guère d'autre consolation de sa
peine et de ses travaux perdus que..... la lointaine
espérance !

CHAPITRE II

AIRE DE LA COULURE

—————

SOMMAIRE — La coulure en France. —Difficulté de délimiter le domaine de la coulure. — Sols et climats les plus favorables à la coulure. — La coulure en Algérie, en Tunisie et en Corse. — La coulure dans la Colonie du Cap.

§ 1. — *La coulure en France.*

La coulure ne paraît nulle part en France se produire à la fois avec assez de force et de fréquence, pour qu'on puisse l'y qualifier de périodique. Elle n'en exerce pas moins ses ravages, chaque année, dans un grand nombre de vignobles avec plus ou moins d'intensité, selon les causes locales prédisposantes et surtout suivant les phénomènes météoriques du printemps. Rarement elle acquiert assez de force pour amener dans une région la perte totale de la récolte ; mais souvent elle s'attaque fortement à des contrées entières, comme le Nord-Est, le Centre, le Bordelais, etc., et prend quelquefois assez d'ampleur pour embrasser, comme en 1816 et 1886 par exemple, l'ensemble du territoire viticole. En

revanche, aucune contrée ne semble vouée fatalement à ses ravages ; mais elle revient toutefois avec
assez de fréquence dans un certain nombre d'entre
elles, comme celles que nous venons de nommer,
pour que sa visite puisse y être regardée comme
habituelle et nécessite plus ou moins, chaque année,
l'emploi de préservatifs spéciaux. Malheureusement
on peut dire aussi qu'aucune contrée ne lui est
assez réfractaire pour pouvoir être considérée comme
complètement à l'abri de ce redoutable fléau. Quant
à son intensité, elle est essentiellement variable et
reste, même dans les contrées qui lui sont le plus
favorables, sous la dépendance des phénomènes
météoriques du printemps et des dispositions particulières des cépages.

§ 2. — *Difficulté de délimiter le domaine de la
coulure.*

La coulure est, comme nous l'avons vu plus haut,
un mal commun à tous les vignobles, quoique dans
des proportions très diverses ; elle existe dans le monde
entier, et même est assez fréquente dans certaines
régions de l'ancien comme du nouveau continent. De
même que pour les gelées printanières, certains climats, certains cépages et même quelques sols particuliers sont beaucoup plus exposés que d'autres à la coulure ; plusieurs régions de l'un et l'autre hémisphère
subissent même presque périodiquement, chaque

printemps, sa néfaste influence, avec cependant plus
ou moins d'intensité suivant leurs conditions particulières. Malheureusement les documents nécessaires
pour délimiter avec précision le domaine habituel
de la coulure font absolument défaut, comme aussi
du reste ceux qui pourraient servir à préciser nettement les contrées qui lui sont absolument réfractaires. La raison s'en trouve dans l'extrême variabi-
lité de l'action de la coulure, action essentiellement
capricieuse et dépendante de causes multiples, mais
surtout dans la difficulté qu'éprouve le vigneron dans
l'état primitif des connaissances actuelles à ce sujet,
à reconnaître ses effets diversement néfastes sur
l'*apparue*, sur la *fleur* et sur le *jeune grain*. On ne
peut, dès lors, avec sûreté, que déterminer d'après
la théorie et les données fournies par l'expérience,
la propension plus ou moins grande de chaque
région, suivant le climat, les cépages, le sol, le
mode de culture, etc., aux ravages de ce fléau de la
viticulture universelle.

La difficulté de délimiter avec quelque précision
le domaine habituel de la coulure est facile à comprendre, en réfléchissant que si, d'un côté, certaines
circonstances spéciales, comme la nature du climat,
la fraîcheur et la compacité du sol, l'humidité terrestre ou atmosphérique, la fréquence des brouillards, des pluies, de certains vents, etc., semblent
devoir en principe l'amener nécessairement, d'un
autre côté il faut bien reconnaître qu'en fait, dans

le monde viticole, il n'existe guère de régions où ces diverses influences particulières, foncières, atmosphériques ou autres, soient assez fortes pour la produire nécessairement chaque année avec une force nocivement appréciable. De plus, il faut remarquer que les ravages de la coulure étant dus surtout à des perturbations atmosphériques essentiellement variables chaque printemps dans leur forme comme dans leur intensité, les phénomènes météoriques de cette époque critique peuvent aussi bien contrarier que favoriser l'effet de ces causes permanentes. Au contraire, lorsque ces perturbations atmosphériques viennent à régner pendant le printemps et même pendant une partie de l'été, comme cette année dans quelques régions, mais surtout comme en 1886 à peu près partout, et acquièrent une certaine intensité, la coulure se produit alors d'une manière tellement générale dans les diverses régions viticoles que toutes sont atteintes plus ou moins fortement dans la floraison, le développement de la grappe et même la maturité du raisin, sans que celles qui sont ordinairement les moins sujettes à la coulure soient elles-mêmes épargnées. Enfin, la nature des cépages spéciaux à chaque contrée vient ajouter ou opposer ses propres dispositions à celles du sol et du climat, de sorte qu'en somme les ravages de la coulure sont la résultante de trois forces, d'intensité variable, qui peuvent se réunir quelquefois pour amener un désastre, mais le plus souvent contrarient ou atté-

nuent réciproquement les mauvais effets de l'une ou
de l'autre d'entre elles. Ces trois forces sont, comme
nous l'avons vu : l'*humidité du sol et du climat*, les
phénomènes météoriques du printemps, la *nature
des cépages*.

La coulure n'a donc pas de contrées qui lui
soient absolument et nécessairement soumises
chaque année. Son domaine habituel est essentiellement variable, et, même dans les régions qui lui
sont le plus favorables, son action est en grande partie subordonnée aux phénomènes météoriques du
printemps.

§ 3. — *Sols et climats les plus favorables à la
coulure.*

Les régions les plus favorables à la coulure sont
en particulier celles auxquelles leur situation topo-
graphique, l'orographie, le régime des eaux et des
vapeurs, la constitution du sol, les vents dominants
font réunir d'une manière plus ou moins forte et
complète le plus grand nombre de ces causes foncières ou climatériques. Les climats qui sont les
plus exposés à la coulure sont les climats chauds
maritimes, d'altitude peu élevée, et les contrées qui
subissent le plus fréquemment et même presque
périodiquement chaque année avec plus ou moins
d'intensité ses ravages sont spécialement celles qui
se trouvent situées depuis la mer jusqu'à 400 mètres

d'altitude environ. Au dessus de cette élévation,
comme à grande distance de la mer ou de fleuves
ou de lacs importants, même avec une altitude assez
basse, la contrée rentre généralement plutôt dans
le domaine des gelées printanières que dans celui de
la coulure, sans qu'il puisse toutefois exister entre
ces deux maux, en raison des variations atmosphériques de chaque printemps, de limites bien définies.

Pour ne donner dans chaque hémisphère qu'un
seul exemple de ces pays chauds maritimes plus
spécialement sujets à la coulure, nous citerons seulement le littoral de l'Algérie et de la colonie du Cap:
ces deux contrées d'Afrique, essentiellement viticoles,
sont situées à des distances à peu près égales de
l'équateur, 35° à 30° Nord et Sud, et leur sol de
même que leur climat, leur fait cependant sous tous
les autres rapports, pour la culture de la vigne, une
situation privilégiée.

§ 4. — *La Coulure en 'Algérie, en Tunisie et en*
Corse.

Avant d'entrer dans de plus amples détails sur
ces pays, il est important de faire remarquer combien cette question de la coulure est encore peu connue de la généralité des vignerons et même des
viticulteurs; en effet, ses fâcheux effets se produisent encore aujourd'hui dans de nombreux pays

sans que l'on en connaisse la véritable cause, puisque
ces trois grandes contrées viticoles passent en général pour lui être absolument réfractaires. Les pays
chauds sont, en effet, en principe, peu favorables à
la coulure ; c'est ce qui porte à croire qu'elle n'existe
pas dans ces contrées. Mais dès qu'à la chaleur vient
se joindre un excès d'humidité de l'atmosphère ou
du sol, le milieu peut devenir aussitôt des plus favorables au développement de la coulure, aussi bien
que des maladies cryptogamiques. C'est le cas notamment du littoral algérien depuis la mer jusqu'à environ 400 mètres d'altitude. Néanmoins presque tous
les viticulteurs algériens et tunisiens croient qu'en
raison de la chaleur du climat, la coulure n'existe
ni en Algérie ni en Tunisie.

Un éminent professeur de viticulture [1], envoyé en
mission l'année passée, dans ces pays, nous écrivait
encore, l'automne dernier, au retour de cet intéressant voyage, que dans tous le cours de ses visites
aux vignobles de l'Algérie, aucun propriétaire ne
s'était plaint de la coulure. Il ajoutait même dans
une lettre du 23 janvier de cette année : « Il ressort
des renseignements que j'ai reçus du littoral de
l'Algérie : Oran, Bougie, Philippeville, que *cette
contrée n'est pas exposée à la coulure climatérique.*
Il est fort rare que la floraison dans ces régions

---

1. M. Pulliat, ex-professeur de viticulture à l'Institut national
agronomique de Paris, actuellement directeur de l'Ecole d'agriculture d'Ecully, près Lyon.

passe par des températures contraires. Lorsqu'il y a
coulure, elle provient d'un défaut constitutionnel du
cep. Cette année-ci où l'on avait eu un temps un
peu contraire, j'ai constaté malgré ce contre-temps,
et dans la plaine de la Mitidja où la coulure aurait
dû sévir plus qu'ailleurs, des vignes superbes sans
aucune trace de coulure. Il est vrai que ce vignoble
était planté de plants bien sélectionnés où la coulure doit être inconnue, ce qui prouverait bien que
la coulure, lorsqu'elle existe en Algérie, doit pro-
venir de vignes mal choisies et mal sélectionnées,
défaut qu'on cherche aujourd'hui à éviter en
employant seulement des boutures bien sélectionnées. »

De même, M. Dupard, directeur des cultures du
jardin d'essai du Hamma, nous écrivait d'Alger, le
4 février dernier : « J'ai bien reçu en son temps
« votre lettre du 17 décembre dernier. Depuis cette
« date j'ai vu beaucoup de propriétaires de vignobles
« et j'ai le regret de vous dire que je n'en ai trouvé
« aucun disposé à essayer, même en petit, l'incision
« annulaire de la vigne.

« *La coulure a lieu bien rarement chez nous.* Il
« est vrai que nous ne cultivons que les cépages du
« Midi de la France et principalement ceux de la
« Provence qui sont absolument rustiques dans
« notre région. »

Dans une brochure publiée à Alger en 1889, par
les soins du gouvernement général, sous la signa-

ture de M. Bertrand, président de la Société d'agriculture d'Alger, l'existence de la coulure en Algérie est même absolument niée. On lit, en effet, à la page 11 de cette brochure, d'ailleurs très intéressante : « Les pluies et les brouillards ne nous rendent pas souvent visite à partir des premiers jours de juin. Voilà de très sérieux avantages pour le vigneron, qui, en effet, *n'a jamais à redouter la coulure du raisin*, malheureusement trop fréquente en France au moment de la fleur. »

Aussi ne fallait-il rien moins que des preuves aussi certaines que nombreuses et surtout des autorités locales, telles que plusieurs comices de la province d'Alger et de Constantine, la société climatologique d'Alger, etc., des livres qui font autorité, comme l'excellent *Manuel du Vigneron algérien* de M. Borgeaud, les ouvrages de M. Romuald Dejernon, etc., pour nous faire ranger le littoral algérien parmi les pays chauds les plus sujets à la coulure. Cette région est malheureusement bien, en effet, un grand exemple de ces pays chauds maritimes que leur sol, leur situation orographique ou leur climat, rangent dans le domaine habituel de ce fléau. L'humidité considérable de l'air, les courants atmosphériques et les brouillards maritimes prédisposent assez fortement cette région à ses ravages pour que, chaque année, la coulure climatérique s'y produise au printemps avec une intensité plus ou moins considérable, mais généralement plus nuisible que les

gelées printanières qui se font sentir sur les coteaux
du Tell. L'humidité atmosphérique est souvent tellement considérable dans cette région que, pour en
donner une idée pratique, il suffit de rappeler que,
dans certaines villes du littoral, il arrive souvent
qu'aucun empois ou amidon ne peut lui résister, au
grand désagrément des promeneurs dont le linge
rapidement imprégné de vapeur d'eau par l'atmosphère n'a bientôt plus que la consistance d'un
chiffon trempé dans une dissolution d'amidon.
Ainsi M. Borgeaud a-t-il pu déclarer avec trop de
justesse sous les hauts patronages qui ont couronné,
comme le meilleur, son excellent *Guide du vigneron algérien* : « La coulure est un accident très
commun et très grave en Algérie..... Depuis la mer
jusqu'à 400 mètres d'altitude, c'est la contrée où la
coulure frappe presque tous les ans et où elle fait le
plus de ravages. » Cette année même, 1891, nous
avons pu constater par nous-mêmes, et de visu, une
forte coulure climatérique sur des points nombreux
du Sahel d'Alger, sur le littoral comme dans la
Mitidja, et les seuls points réfractaires ont été de
petits vignobles plantés en cépages à débourrement
tardif comme le Mourvèdre. A Guyotville comme à
Aïn-Taya, sur les hauteurs du Birmandres et de
Kouba, comme à Maison-Carrée et à Rouiba, la coulure existe et si, en définitive, à la vendange, sur
beaucoup de ces points on ne constate pas davantage ses pernicieux effets, c'est que d'abord la plu-

part des vignes sont très jeunes, très vigoureuses et plantées, sur un profond défoncement qui fait drainage, de cépages prolifiques ou réfractaires *et surtout* que, dans ces vignobles, les déficits sont attribués à toutes autres causes qu'à la coulure par leurs propriétaires.

En réalité, non seulement la coulure existe, forte et fréquente, dans le littoral de l'Algérie, mais elle visite souvent aussi les contrées situées au dessus même de 400 mètres, jusque sur les sommets du Tell, témoin l'extrait suivant d'une lettre reçue, cet hiver, d'un viticulteur des environs de Constantine : « Je n'ai jamais essayé l'incision annulaire, mais je me promets cependant de le faire cette année sur des plants *d'Aramon et d'Alicante, qui coulent assez facilement*..... Nous sommes dans un pays de hautes montagnes relativement, 600 à 700 mètres d'altitude..... Azéba le 2 janvier 1891 (par Aïn-Tinn), province de Constantine. »

Cet exemple est très frappant, en conséquence de l'altitude du vignoble, et d'autant plus concluant, en raison du cépage, que l'Aramon passe généralement en France pour être un plant des plus réfractaires à la coulure.

Enfin, à l'heure même où nous écrivons ces lignes (Constantine, 12 juillet 1891), la Société d'agriculture de Constantine vient de se réunir extraordinairement pour traiter avec nous diverses questions de viticulture qui intéressent actuellement l'avenir

viticole de la province et même de l'Algérie entière,
questions au premier rang desquelles se place l'introduction des cépages américains et la réglementa-
tion de cette introduction. Nous avons naturellement profité de cette intéressante réunion pour soumettre à son appréciation cette importante question
de la coulure climatérique, de son existence, de sa
fréquence et de ses ravages dans la province. A
l'unanimité, les membres présents ont déclaré : que
la coulure climalérique existait chaque printemps
dans toute son étendue, aussi bien sur les coteaux
du Tell que dans le littoral, qu'elle s'attaquait à
tous les cépages, même au Mourvèdre, et qu'elle
exerçait chaque année ses ravages dans des conditions variables d'étendue, de force et d'intensité,
mais toutefois beaucoup plus nuisibles que les gelées
printanières, bien moins à craindre même au dessus de Constantine. Cette déclaration est d'autant
plus concluante que la réunion se composait de viticulteurs expérimentés, de grands propriétaires de
vignobles, d'autorités telles que le professeur départemental d'agriculture, etc., et qu'elle a été faite à
l'unanimité des membres présents. Nous sommes
donc bien fondé à conclure à l'existence de la coulure climatérique dans la généralité des vignobles
de l'Algérie et spécialement dans la zone maritime[1].

1. *Bulletin de la Société d'agriculture du département de
Constantine.*
SÉANCE DU 12 JUILLET 1891. — La séance est ouverte à huit

L'existence de la coulure est aussi, non seulement mise en doute, mais absolument niée par la plupart au moins des viticulteurs français de la Tunisie.

heures et demie sous la présidence dé M. G. Abadie. — Sont présents : MM. Friang, Fontaneau, Fouquet, Toussaint-Borne, membres du conseil ; Jacob, secrétaire-adjoint ; Marin, rédacteur du *Bulletin* de la Société. M. Bauguil, professeur départemental d'agriculture assiste à la séance. MM. Souleyre, Rousselot, Ferrier, Lavedan, Delorme, ont fait excuser leur absence. L'ordre du jour de la convocation porte : 1° Etude du questionnaire de la Société et examen des réponses adressées au Président ; 2° Révision des programmes des concours généraux de l'Algérie ; 3° Encouragement aux sériculteurs. M. le Comte de Follenay, membre de la Société des agriculteurs de France, de la Société régionale de viticulture de Lyon, etc., avait été convoqué à cette séance pour satisfaire au désir qu'il a exprimé d'adresser aux membres de la Société quelques questions spéciales sur la viticulture algérienne. M. le Président, après avoir pris l'avis des membres du Comité, offre la parole à l'honorable visiteur.

M. de Follenay remercie du bon accueil qui lui est fait, puis il demande à la Société si l'on peut affirmer que la coulure existe ou n'existe pas dans les vignobles du littoral et sur les coteaux du Tell. L'avis général des membres présents est que la coulure existe, non seulement sur le littoral, mais aussi sur les coteaux du Tell et même sur les points les plus élevés qui arrivent de 7 à 900 mètres d'altitude. Spécialement, M. Friang, dont le vignoble se trouve situé à El-Malah, à une hauteur de 750 à 800 mètres, déclare que tous les cépages sont atteints, tous les printemps, par la coulure, dans des proportions plus ou moins grandes. M. Bauguil, professeur d'agriculture, déclare de son côté qu'il est à sa connaissance que la coulure existe dans tous les vignobles de la province de Constantine. M. Fouquet, membre du Comité, fait la même déclaration, en ce qui concerne son vignoble voisin de Zéraïa. M. Fonteneau appuie également les dires de ses collègues. Un membre du bureau demande alors quels sont les remèdes pratiques que l'on peut opposer à la coulure. M. de Follenay répond : « Qu'avant tout,

Son climat est à peu près le même que celui de
l'Algérie et le littoral tunisien subit même des vents
plus violents et plus froids. Un grand propriétaire

il faut faire une distinction entre deux *espèces* de coulure qui
peuvent être nommées : l'une, la *coulure constitutionnelle*, et
l'autre, la *coulure climatérique ou accidentelle*. En effet, la *coulure constitutionnelle* est due, ainsi que son nom l'indique, à la
plante elle-même et est amenée par la forme vicieuse ou simplement anormale des organes sexuels de la fleur. Tantôt les
étamines prennent un développement trop considérable aux
dépens du pistil atrophié ; alors la fleur est dite mâle. Tantôt
le pistil est bien constitué ainsi que les ovaires, mais la fleur
est rosacée et la fécondation n'est plus protégée par le petit
capuchon formé par les cinq pétales réunies par leur sommet.
Dans ce cas, la coulure n'a pas de remède immédiat, puisqu'elle
est due à un vice de constitution de la fleur, vice qui se trans-
met forcément, comme toute qualité et défectuosité, par la segmentation, le marcotage, le bouturage, le semis d'yeux, etc. Il
n'y a donc d'autre remède pratique à la coulure constitutionnelle qu'un bon choix des bois de reproduction, cueillis sur des
ceps possédant des fleurs hermaphrodites parfaitement constituées. La *coulure accidentelle*, au contraire est parfaitement
guérissable, puisqu'elle n'est due qu'à des circonstances extérieures indépendantes de la plante. Ses principales causes, en
effet, sont dues à des vents violents qui enlèvent le pollen des
étamines ou à des pluies abondantes qui le dissolvent, ainsi
que la fovilla ; à de violents coups de soleil suivis de vents
froids pendant la nuit qui interrompent violemment la circulation des deux sèves ; à des brouillards suivis de coups de
soleil qui font un appel vigoureux des racines aux sommets her-
bacés de la plante à la sève ascendante que les feuilles ne suffisent plus à élaborer convenablement ; aussi à la présence des
mauvaises herbes qui, sous l'activité du soleil, conservent
autour de la plante une humidité surabondante, etc. Toutes
ces différentes causes de la coulure accidentelle ont pour résultat immédiat une mauvaise élaboration de la sève descendante
qui ne permet plus à la plante de fournir à la fleur en train de
nouer, ou au jeune fruit à peine formé, une nourriture suffi-

des environs de Tunis résumait ainsi, dans notre
correspondance de cet hiver, son opinion et celle de
ses collègues en viticulture sur cette importante

samment riche et abondante pour résister aux intempéries et
développer ses grappes dans des conditions favorables au succès de la vendange. Le remède tout indiqué est donc de maintenir la plante dans des conditions favorables au succès de la
vendange. Le remède tout indiqué est donc de maintenir la
plante dans de bonnes conditions d'élaboration de la sève, ou
tout au moins de fournir à ses fruits une alimentation suffisamment riche. L'on peut y arriver partiellement par quelques
moyens empiriques, tels que des soufrages abondants au
moment de la floraison, des fumures très riches surtout en
humus et en matières assimilables; des apports de sulfate de
fer, suivant les terrains; des amendements, etc. Mais le
véritable remède, c'est l'incision annulaire pratiquée, en pleine
floraison, sous la grappe. Elle a pour effet d'arrêter à son
niveau la sève élaborée lors de son retour aux racines et met
ainsi constamment à la disposition de la grappe la nourriture
nécessaire à sa défense et à son développement. L'incision
annulaire possède plusieurs effets remarquables en dehors de
son efficacité contre la coulure : elle avance la maturité du raisin d'une quinzaine de jours, elle augmente la grosseur du
grain et le rendement en jus du raisin; en plus, ce jus est
beaucoup plns sucré et l'effet immédiat de cette augmentation
de richesse saccharine est l'augmentation proportionnelle de la
puissance alcoolique du vin, puisqu'il est reconnu qu'un degré
glucométrique se transforme à peu près en un degré d'alcool. »
M. Friang reconnaît les avantages de l'incision annulaire,
mais il trouve cette opération peut-être dangereuse sous le climat de l'Algérie, en raison de l'avance de maturité qu'elle procure au raisin et conséquemment à la vendange; il craint
que cette avance ne fasse correspondre la vendange avec
l'époque des plus fortes chaleurs et des sirocos les plus fréquents. « M. de Follenay répond que sur ce point spécial, il est
certain que chaque viticulteur doit tenir compte, autant que
possible, pour le bon succès de la vinification, de l'époque la
plus favorable à ses vendanges. Mais que d'abord, dans la

question de la coulure et de l'incision annulaire :
« J'ai reçu votre honorée lettre et la note concer-
« nant l'incision annulaire des vignes ! je vous
« remercie beaucoup de cet envoi. Depuis long-
« temps je connaissais votre traité sur l'Incision
« annulaire et avais lu de nombreux articles de
« vous et d'autres agronomes sur cette question.
« J'étais et je suis même dans l'intention d'en faire
« l'essai ; mais en Tunisie pour la vigne *qui n'a*
« *jamais de coulure* et où la maturité devrait être
« plutôt retardée qu'avancée, ce procédé ne pré-
« sente pas d'intérêt pratique. Pour la culture des

généralité des circonstances, cette avance dans la maturité sera
plutôt utile que nuisible à la vente du raisin ou du vin et que
l'ou peut facilement remédier le plus souvent à l'excès de
température par les différents moyens pratiques que la science
et l'expérience ont mis dans ces dernières années à la portée de
tous les viticulteurs pour obtenir une bonne fermentation et,
comme conséquence, une bonne vinification. En principe, on
peut dire que les premiers vins fabriqués chaque année sont
ceux qui se vendent le mieux et les viticulteurs algériens
auront toujours avantage à vendre le plus tôt possible et au
décuvage, au moins la plupart de leurs vins communs. Aujour-
d'hui l'incision annulaire se fait très rapidement et très facilement à l'aide des inciseurs de Follenay, fabriqués à Lyon, par
M. Renaud (13, rue de Constantine), instruments très solides
avec lesquels un jeune garçon peut inciser de 3 à 5.000 branches
dans sa journée. »

Cette première partie de la conférence étant terminée, M. de
Follenay aborde un sujet non moins intéressant sur lequel le
Comité désire avoir son opinion : 1° Les diverses maladies de
la vigne et les meilleurs traitements à leur appliquer ; 2° La
reconstitution des vignobles phylloxérés, par des cépages américains d'un choix exceptionnel. La séance est levée à onze
heures.

« raisins de primeurs votre système présenterait de
« grands avantages, comme vous le dites fort
« bien..... » N'ayant point encore visité cette année
les vignobles de la Tunisie, il nous est impossible
de nous prononcer avec quelque certitude sur l'existence de la coulure climatérique dans ses diverses
régions. Mais raisonnant par analogie avec les contrées à sol et climat similaires, il nous est impossible de conclure qu'elle n'y existe pas avec une
force plus ou moins grande, sans doute combattue
par la jeunesse et la vigueur des vignes, un bon
choix de cépages prolifiques bien adaptés au sol et
au climat, des défoncements sérieux et de bons procédés de culture.

Et comme preuve à l'appui de notre opinion concluant à son existence probable dans des conditions
aussi fortes au moins qu'en Algérie, nous pouvons citer
le fait indéniable, l'existence d'une coulure considérable chaque printemps dans les beaux vignobles de La
Marsa, aux environs mêmes de Tunis. Ces vignobles,
magnifique création du cardinal Lavigerie, donnent
l'excellent vin muscat de Carthage, primé à la dernière exposition universelle de Paris. Malheureusement, malgré l'opinion qui écarte la coulure de
l'Algérie et de la Tunisie, ils sont en fait ravagés
chaque printemps par une coulure plus ou moins
intense, mais toujours considérable. En effet ayant
eu l'occasion ce printemps de décrire à S. E. le cardinal Lavigerie, dont le grand esprit s'intéresse spé-

cialement à toutes les questions qui concernent la
colonisation surtout par la viticulture, les divers phénomènes de la coulure climatérique, quelques jours
avant son départ pour La Marsa, nous en avons reçu
le jour même de son arrivée la dépêche télégra-
phique suivante le 27 avril dernier : « La vigne de
Malaga que nous avons ici est très sujette à la coulure; auriez-vous la bonté de nous indiquer votre
remède. Cardinal Lavigerie, de Tunis, le 17 avril. »

La coulure existe donc en Tunisie comme en
Algérie, en Corse et dans tous les pays chauds maritimes. Il est vrai que le cépage importé de Malaga
par le Cardinal et qui produit le vin muscat de Carthage est assez disposé à la coulure. Mais il ne faudrait pas en conclure qu'il est voué à la coulure
constitutionnelle, attendu que cette année tous les
ceps de ce plant traités par nous ont été exempts de
la coulure, tandis que dans la même vigne les
autres ne conservaient que quelques grains très
espacés sur une longue grappe. Or, comme nous le
verrons, au contraire de la coulure climatérique,
que supprime presque toujours plus ou moins complètement l'incision annulaire, la coulure constitutionnelle n'a pas de remède et n'en comporte pas,
puisqu'elle est due à un vice de forme, une mauvaise conformation des organes de reproduction de
la fleur de la vigne.

Il en est de même du littoral de la Corse, où la
coulure fait des ravages non moins importants. On

peut en juger facilement par les quelques extraits
suivants d'une correspondance des plus instructives
à cet égard, provenant de grands propriétaires de
cette contrée : « Notre Société (Société anonyme des
Grands-Vignobles de Sartène, pour favoriser le
développement agricole et viticole en Corse : capital
550 mille francs) possède un vignoble de 500 hec-
tares environ complanté de vignes cultivées comme
dans l'Hérault, sans échalas ni attaches, taille en
corbeille ou en gobelet. Ayant été très éprouvés
cette année par *une coulure extraordinaire qui nous
a enlevé la presque totalité de la récolte*, nous vous
demandons si l'application de l'incision annulaire
serait possible sur nos ceps..... »

§ 5. — *La coulure dans la colonie du Cap.*

Dans l'autre hémisphère, un semblable exemple,
moins important pour nous, mais plus illustre par
la qualité et la renommée des produits, nous est
fourni par la colonie du Cap, célèbre par l'ancien-
neté de ses vignobles déjà connus en 1486, et surtout par son fameux vin de Constance, que sa finesse,
la suavité de son bouquet, sa douceur spiritueuse
des plus agréables, ont fait classer immédiatement
après le Tokai parmi les vins de dessert. Les variétés
de raisins qui peuplent ses vignobles sont pour la
plupart celles dont se servent les viticulteurs du
Midi pour la fabrication des vins de Lunel, de Fron-

tignan, etc.; les proportions diverses observées
dans le mélange à la cuve entre les Muscatelles, les
Frontignans et les Teinturiers donnent les deux
sortes de vins les plus estimés : les rouges de dessert
et les rouges secs. Les autres sont fabriqués avec
des muscats blancs, la Folle blanche et quelques
cépages du Bordelais, de l'Espagne et même de la
Perse. Si l'on ajoute à la propension bien marquée
de la plupart de ces variétés à la coulure, la disposition naturelle du climat et du sol à la favoriser, en
raison de leur grande humidité, on aura l'explication
des pertes causées à la récolte dans cette belle colonie viticole, à laquelle le sol et le climat font, sous
tous les autres rapports, une situation privilégiée
pour la culture de la vigne.

L'influence néfaste de cet excès d'humidité, à la
fois sur la quantité et sur la qualité de la récolte, est
tellement considérable que partout où elle n'est pas
combattue par des travaux importants, comme le
drainage, des défoncements profonds, la production
décroît énormément et la qualité change en même
temps du tout au tout. Ainsi, tandis que le district de
Vorcester et certaines parties des districts voisins
produisent en moyenne 175 hectolitres à l'hectare et
donnent les vins de Constance, dont la réputation
est universelle, au contraire Paarl, Malmesbury,
Stellembusch, etc., ne donnent pas une moyenne
de. 86 hectolitres d'un vin d'une qualité plus que
médiocre, et d'un écoulement difficile en dehors de

la colonie. « Il a été constaté, dit M. le comte de Turenne, consul de France à Cape-Town, dans sa consciencieuse étude sur la viticulture au Cap, que, même dans les sols les plus favorables, l'humidité exagérée nuit à la fois à la quantité et à la qualité du produit ; par suite les viticulteurs intelligents n'ont pas reculé, en vue d'une réussite bien faite, devant les dépenses qu'entraine le drainage, toutes les fois qu'ils ont pu établir leurs vignobles sur les coteaux. »

———

CHAPITRE III

CAUSES DE LA COULURE

SA DIVISION EN DEUX ESPÈCES

———

SOMMAIRE : Multiplicité des causes de la coulure. — Classification de ces causes en deux grandes catégories. — Division de la coulure en coulure constitutionnelle et coulure accidentelle. — Caractères particuliers et différence spéciale de la coulure constitutionnelle et de la coulure accidentelle. — Nécessité de l'intervention du vigneron contre ces deux espèces de coulure.

§ 1. — *Multiplicité des causes de la coulure.*

La coulure est pour la vigne un ennemi d'autant plus dangereux que la période pendant laquelle elle

peut exercer chaque année ses pernicieux effets sur
le raisin en formation est à la fois plus longue, plus
importante et plus critique. Cette période s'étend en
effet depuis l'instant où les mannes apparaissent
dans les bourgeons jusqu'au moment où le jeune
grain a pu acquérir assez de force pour résister aux
intempéries qui viennent l'assaillir. Son importance
est considérable et même primordiale, puisque
d'une bonne floraison dépend l'avenir de la récolte.
Elle est des plus critiques en raison des dangers de
toutes sortes qui peuvent, à cette époque du printemps aimé des poètes, mais redouté du vigneron,
amener la perte de l'apparue, de la fleur ou du jeune
grain.

Les périls déjà si considérables que la coulure fait
ainsi courir chaque année à la récolte sont encore
singulièrement augmentés par la multiplicité des
causes qui peuvent l'amener, et sont rendus d'autant
plus sérieux que ces causes sont à la fois plus nombreuses et plus diverses, plus communes et d'une
nature plus opposée. L'arsenal où la coulure prend
ses armes, en effet, est immense, car il embrasse le
ciel et la terre, et comprend tous les éléments. La
nature les lui fournit de toute part; aussi les trouve-
t-elle partout, dans le sol lui-même comme à sa
surface, chez les minéraux aussi bien que dans les
végétaux. Parmi les animaux, les insectes, en
affaiblissant la force de résistance de la plante,
deviennent ses auxiliaires et l'homme lui-même se

fait souvent son complice, par son action défectueuse. La coulure fabrique ses armes avec tout : avec
l'air et avec l'eau, avec la chaleur et le froid, avec
le soleil et les brouillards, avec la lumière comme
avec l'obscurité. Enfin, non contente d'une telle
variété, elle se fait un aide puissant des maladies,
hélas, trop nombreuses aujourd'hui, qui viennent
assaillir la pauvre vigne, et va même jusqu'à puiser
dans la plante les moyens les plus sûrs de faire
avorter ses fleurs et d'amener la perte des fruits dont
elle devait couronner ses pampres et les efforts du
vigneron.

La végétation avantageuse de la vigne et spécialement sa bonne fructification sont le résultat d'une
espèce d'équilibre qui doit régner dans les milieux
où vit la plante, entre l'humidité et la sécheresse,
l'air vivifiant et les vents desséchants, la lumière
bienfaisante et les rayons brûlants du soleil. Cet
équilibre, nécessaire dans de certaines limites assez
larges à la vie avantageuse de la plante, est assez difficile en tout temps à obtenir avec quelque durée, aussi
bien dans le sol que dans l'atmosphère, mais son
maintien est spécialement difficultueux à cette
époque critique du printemps. Aussi, pendant cette
longue période de la formation des apparues, de
la floraison et de la naissance des grains, la coulure
est-elle aux aguets de tout écart un peu fort de
température et de tout excès dans les éléments. Avec
ce redoutable ennemi, toute exagération devient un

danger, aussi bien dans la chaleur que dans le froid,
dans la sécheresse comme dans l'humidité, dans l'air
et la lumière, dans le sol comme dans le sein même
de la plante. Trop de force dans la végétation devient
aussi dangereux que sa faiblesse. Un terrain trop
riche, surtout en azote, est aussi à craindre qu'un
sol trop pauvre, trop de vigueur dans la plante
comme une sève peu riche ou peu abondante, un
manque de travail aussi bien qu'une culture inop-
portune.

Tout dans la nature semblerait donc à la fois
conspirer en faveur de la coulure contre la pauvre
vigne et contre le vigneron, la terre, l'atmosphère
et les éléments, les végétaux ainsi que parfois
l'homme lui-même et les insectes, si la plupart de
ces phénomènes, quoique se réunissant en fait trop
souvent pour l'amener, ne pouvaient de même aussi
bien la contrarier, l'empêcher et quelquefois même
favoriser une heureuse fructification. C'est au vigneron qu'il appartient alors d'intervenir pour rétablir
l'équilibre rompu, combattre les effets des circonstances dangereuses et augmenter l'efficacité de
celles qui sont favorables, c'est son intelligence qui
doit chercher à découvrir les remèdes nécessaires,
c'est à son action qu'il appartient d'appliquer les
meilleurs, suivant les circonstances.

§ 2. — *Classification des causes de la coulure en deux grandes catégories.*

Toutes ces causes, à la fois si nombreuses et si communes, si diverses et souvent même d'une nature si opposée, peuvent cependant se ranger en deux grandes catégories d'origine et de mode d'action bien différents. La première, dans laquelle la coulure a toujours pour cause immédiate l'imperfection des organes de reproduction, a reçu le nom de coulure constitutionnelle, parce que dans cette catégorie la coulure résulte de la constitution même de la fleur. Dans la seconde, elle reçoit, au contraire, le nom d'accidentelle, parce que ses manifestations, bien que plus fréquentes et plus générales, s'attaquant à la fois à l'apparue, à la fleur et au jeune fruit, résultent non plus de dispositions particulières à la plante, mais de conditions extérieures défavorables amenées surtout par les intempéries du printemps. Aussi, dans cette dernière catégorie, la coulure a-t-elle pour cause physiologique immédiate, au lieu de dispositions organiques défectueuses, une nutrition insuffisante, résultat d'une sève momentanément mal élaborée.

§ 3. — *Division de la coulure en coulure constitutionnelle et en coulure accidentelle.*

Il y a donc lieu de distinguer deux espèces de coulure : la coulure *constitutionnelle*, qui provient

de la constitution même de la fleur, ne s'attaque
qu'à elle, mais se reproduit nécessairement, fatalement, à chaque floraison, et la coulure *accidentelle*,
qui provient de circonstances extérieures, défavorables, s'attaque aussi bien à l'apparue qu'à la fleur
et au jeune grain, en les privant de la nourriture
nécessaire à leur développement, mais ne se produit
qu'accidentellement lorsque les intempéries et autres
phénomènes météoriques du printemps la favorisent.

§ 4. — *Caractères particuliers et différences spéciales de la coulure constitutionnelle et de la
coulure accidentelle.*

Ces deux espèces de coulure se distiguent nettement l'une de l'autre, comme on le voit facilement,
par les caractères les plus opposés et les différences
les plus tranchées dans leur cause immédiate, physiologique, comme dans leurs causes plus loitaines,
dans leurs manifestations et leur mode d'action, si
non malheureusement dans leur fâcheux résultat.
La cause immédiate de la coulure constitutionnelle
est inhérente à la plante, celle de la coulure accidentelle est extérieure et en dehors d'elle. La première est fatale, transmissible et se reproduit
nécessairement à chaque floraison ; la seconde est
essentiellement aléatoire, chaque année, à la fois
dans son existence et son intensité. L'une se reproduit par segmentation, semis d'yeux, etc., et spécia-

lement par le bouturage ; l'autre ne peut se transmettre. L'une ne s'attaque qu'à la fleur ; l'autre amène aussi bien la perte de l'apparue et de la fleur que la chute du jeune grain.

La première ne comporte pas de remèdes immédiats ou directs ; la seconde est parfaitement guérissable, surtout par l'incision annulaire. Enfin, dans le genre Vitis, la coulure constitutionnelle est plus fréquente dans les vignes sauvages que dans les vignes cultivées, plus particulière à certaines espèces, parmi ces espèces plus fréquente dans certaines variétés, dans ces variétés plus spéciale dans certains ceps et quelquefois même à certaines branches. La coulure accidentelle, au contraire, exerce ses ravages à la fois sur les espèces, les variétés et les individus, suivant l'intensité que lui donnent les circonstances et selon la force de résistance plus ou moins grande que possède chaque variété et chaque individu.

§ 5. — *Nécessité de l'intervention judicieuse du vigneron contre ces deux espèces de coulure.*

Ces différences sont assez grandes et l'opposition assez tranchée pour montrer, comme nous le verrons plus tard, que ces deux espèces de coulure n'ont rien de commun que leurs fâcheux résultats. Il devient, dès lors, très utile pour le vigneron de pouvoir les reconnaître et les distinguer l'une de l'autre, afin de les combattre et, ensuite, leur appliquer en conséquence leurs remèdes spéciaux, remèdes qui, en raison de leurs causes si opposées, ne peuvent être eux-mêmes que très différents.

CHAPITRE IV

LA COULURE CONSTITUTIONNELLE

Sommaire : Définition de la coulure constitutionnelle. — Fleur normale de la vigne ou hermaphrodite. — Fleur anormale ou coularde. — Fleurs normales, mais accidentellement uni-sexuées. — La coulure constitutionnelle dans les espèces et les variétés. — Causes de la coulure constitutionnelle.

§ 1. — *Définition de la coulure constitutionnelle.*

La coulure constitutionnelle est celle qui résulte de la constitution anormale des fleurs de la vigne, ou bien d'un vice de structure ou de fonctionnement, dans l'un ou l'autre des organes sexuels de la fleur normale. Dans le premier cas, la fleur est dite cou-larde et sa structure est foncièrement anormale; dans le second, la fleur est normalement constituée, mais son fonctionnement est devenu anormal par suite de la dégénérescence ou de l'atrophie de l'une

ou l'autre partie des organes de la reproduction; la
fleur est alors appelée mâle ou femelle, suivant le
sexe qui domine en elle.

§ 2. — *Fleur normale de la vigne ou hermaphrodite.*

La fleur normale de la vigne cultivée est hermaphrodite et peut, en conséquence, donner des fruits
par elle-même et à elle seule. Cependant la vigne
peut être considérée en principe comme une plante
polygamo-dioïque, parce que certains individus n'ont
que des fleurs mâles et parce que d'autres portent
à la fois des sexes divers, quoique le plus grand
nombre soit hermaphrodite. Mais la fleur hermaphrodite reste la fleur normale, la fleur type des
variétés cultivées, les autres ne devenant unisexuées
que par l'avortement ou la conformation anormale
d'une partie de leurs organes sexuels.

M. Foëx, dans son *Cours de viticulture*, donne la
description suivante de la fleur hermaphrodite :

« La fleur hermaphrodite peut du reste être considérée comme la fleur type, les autres ne devenant
unisexuées que par l'avortement ou la conformation
anormale d'une partie de leurs organes sexuels. On
peut en donner la description suivante : *calice* petit,
cupuliforme, gamosépale, denticulé ; *corolle* calyptriforme, ordinairement à cinq pétales (mais quelquefois à quatre, à six ou à sept) ; *pétales* à æstiva-

tion valvaire, insérés en dehors d'un disque hypogyne, glanduleux, à urcéoles le plus souvent délimitées et épaisses, parfois aplaties, formant rarement une couronne unique; étamines au nombre ordinairement de cinq, quelquefois de quatre, six ou sept, à filet séparé, insérées sur le disque, opposées aux pétales; *anthères* biloculaires s'ouvrant en long; cinq *glandes nectarifères* alternant avec les étamines insérées sur le réceptacle en dessous du pistil; *ovaire* habituellement simple; *stigmate* ordinairement capité, contrairement à ce qui a lieu chez les Ampelopsis et les Cissus; le *stigmate* est tantôt sessile, tantôt porté par un style court. » (Cours complet de viticulture par G. Foëx, directeur et professeur de viticulture à l'Ecole nationale d'agriculture de Montpellier, pages 19 et 20.)

§ 3. — *Fleur anormale ou coularde.*

« La fleur anormale, à laquelle on donne les noms pittoresques d'avalidouïre dans le Languedoc et de déflouraïre en Provence, mais que l'on caractérise plus généralement par le mot expressif de fleur coularde, est forcément stérile par suite du vice même de sa constitution qui la rend anormale. Ce vice résulte d'une disposition défectueuse de certaines parties de la fleur, de sa conformation irrégulière, qui ne lui permet plus de se féconder elle-même et la rend forcément stérile, à moins d'un secours

étranger généralement assez difficile à rencontrer.
C'est ce défaut de constitution, ce vice dans la forme
et dans la conformation de la fleur, vice essentiellement transmissible qui caractérise cette forme
fatale et héréditaire de la coulure qui nous occupe
et que l'on appelle en raison de cette origine : coulure constitutionnelle.

M. Marès, qui a fait une étude spéciale de ces
fleurs, les décrit ainsi dans son *Livre de la ferme* :
« Les fleurs coulardes sont caractérisées par une
corolle persistante, s'ouvrant en étoile comme celle
des ampélopsis ; les *étamines* sont, la plupart du
temps, emprisonnées sous les pétales qui sont épais
et creux ; le *filet* est trop court pour permettre à
l'anthère d'atteindre le stigmate ; enfin les *anthères*
elles-mêmes s'ouvrent imparfaitement et renferment
un pollen stérile. Le *pistil* est bien constitué, de
sorte que la fleur peut jouer le rôle de fleur femelle,
et si elle est fécondée par du pollen arrivée du dehors,
elle noue et donne du fruit ; mais cette circonstance
est rare, et elle avorte à peu près constamment. »

Cette conformation anormale de la fleur des coulards et la différence qui la distingue des fleurs normales se trouvent fort bien décrites dans le passage
suivant, emprunté au *Guide du Vigneron algérien*,
de M. Borgeaud : « Dans la fleur normale de la
vigne, les *pétales* de la corolle se détachent par en
bas et forment un petit capuchon à trois déchirures
qui tombe poussé par l'épanouissement du pistil et

des étamines. La fécondation s'opère à l'abri de
l'espèce de pavillon formé par les pétales. Dans la
fleur anormale, au contraire, les *pétales* s'ouvrent
entièrement sur la grappe sans se détacher ; les
cinq pétales s'épanouissent complètement, ce qui
prive la fleur de l'abri que ses pétales lui forment
dans la fleur normale. Dans les fleurs anormales,
la fleur est *rosacée*, les étamines sont plus basses que
l'ovaire, de sorte que la fécondation ne se fait pas
bien. »

Ces vices de constitution de la fleur coularde
entraînent fatalement la coulure, puisqu'ils empê-
chent plus ou moins complètement la fleur de se
féconder et sont d'autant plus dangereux qu'ils ne
comportent pas de remèdes et sont essentiellement
transmissibles par la segmentation, par le bouturage, par les semis d'yeux, etc.

§ 4. — *Fleurs normales, mais accidentellement
unisexuées.*

En conséquence d'une longue culture et du soin
que l'on a pris pendant longtemps de ne propager
que des sujets fertiles par eux-mêmes, aussi sans
doute en raison de la nature et des dispositions de
l'espèce, la fleur hermaphrodite peut être considérée
comme le type exclusif des variétés issues de la
Vitis vinifera. La variété des sexes est assez commune, au contraire, dans les autres espèces et dans

les types sauvages, chez lesquels le défaut de culture,
la lutte pour la vie et les accidents amènent souvent
la dégénérescence ou l'atrophie de l'une ou l'autre
partie des organes sexuels. La fleur devient alors en
quelque sorte unisexuée, par conséquent, en fait,
anormale, par suite de l'accident ou de la dégénérescence qui empêche une partie de ses organes
sexuels de fonctionner ; mais elle n'en est pas moins
normalement constituée, en principe, en fleur hermaphrodite, dont elle peut reprendre le fonctionnement
sous l'influence de conditions d'existence et de
végétation opposées à celles qui ont pu lui faire
perdre momentanément ce caractère.

La fleur est dite alors mâle ou femelle, suivant la
prédominance du sexe qui l'emporte sur l'autre,
prédominance qu'il est facile de reconnaître aux
caractères suivants : la fleur mâle est caractérisée par
l'avortement du pistil, la longueur relativement
grande du filet des étamines, une odeur généralement assez forte et très suave, due sans doute au
grand développement des nectaires ; en plus, les
ovaires avortent ou s'atrophient. Dans la fleur
femelle, au contraire, les étamines restent à l'état
rudimentaire ou sont plus courtes que l'ovaire,
d'ailleurs normalement constitué. Les sujets mâles,
de même que les sujets femelles, sont incapables
de donner du fruit par eux-mêmes ; mais les fleurs
mâles restent forcément toujours stériles, tandis que
la fleur femelle peut donner du fruit, si elle est
fécondée à l'aide d'un pollen étranger.

Un maître en cette question de la coulure, M. Charles Baltet, dans sa brochure sur la *coulure du raisin*, caractérise ainsi les vices de fonctionnement qui rendent accidentellement ces fleurs stériles : « Les *ovaires* avortent ou s'atrophient, quoique les *étamines* soient parfaitement constituées ; c'est le caractère des sujets mâles, si communs chez les types sauvages ou primitifs. Dans la fleur femelle, au contraire, la fécondation n'est possible qu'avec le concours du pollen étranger, les *étamines* étant restées à l'état rudimentaire ou se trouvant plus courtes que l'*ovaire.* »

Ces défauts accidentels, qui d'hermaphrodite rendent la fleur unisexuée, ne sont pas essentiellement transmissibles, comme les vices de constitution de la fleur coularde. Il n'en est pas moins vrai cependant que la vigne restant sous l'influence des causes qui ont déterminé ces défauts accidentels, aura de grandes chances de voir ces accidents se renouveler et même se fixer à la longue dans les milieux qui leur sont favorables. Il est donc spécialement à craindre que ces défauts ne se renouvellent en fait ou bien ne tendent seulement à se renouveler par le bouturage des bois dont les fleurs présentent ces anomalies, à moins que d'autres causes spéciales au vigneron, comme la culture, la taille, les pincements, etc., ne viennent combattre les dispositions naturelles de ces fleurs à créer la faiblesse de certains organes et au contraire la prédominance des autres.

Enfin, « on peut citer divers exemples, dit M. Foëx dans une note de la page 20 de son ouvrage déjà cité plus haut, de développements anormaux de fleurs d'ampélidées ; certains sont réellement des anomalies, d'autres ne sont probablement que la traduction fidèle de l'origine primitive, commune aux diverses espèces de cette famille et que la culture fait renaître sous diverses formes en soumettant ces plantes à des conditions de vie exceptionnelles. Ainsi dans les Ampelopsis et les Cissus on trouve des fleurs à corolle calyptriforme et des fleurs normales s'ouvrant en étoile chez les Vitis. Le nombre des étamines chez certaines fleurs d'Ampelopsis est de quatre, cinq, six ; ils varient chez les fleurs de Vitis entre quatre, cinq, six sept….. ; certaines fleurs ont présenté treize étamines ; le Baxter (V. æstivalis) a le nombre de six prédominant dans l'androcée. Certains types de V. Berlandieri et de Champin ont leur ovaire noyé dans le disque, caractère distinctif et assez constant des Ampelopsis. Le stigmate capité, propre au Vitis, est en colonne élancée chez le Huntingdon, l'Harwood, l'Elisabeth, le Cynthiana….. ; il est bifide chez l'Othello, le Noah, le Télégraph, le Clinton, le Riparia Martin des Pallières….., et multifide (quatre ou cinq parties) chez l'Agawam, le Taylor. »

§ 5. — *La coulure constitutionnelle dans les espèces et les variétés.*

La coulure constitutionnelle n'appartient en propre à aucune espèce, ni à aucune variété, quoique plusieurs au moins y soient très disposées parmi le grand nombre des cépages que nous possédons aujourd'hui dans nos treilles et dans nos vignobles. Elle est bien plutôt le fait des individus eux-mêmes, de certains pieds de vigne qui coulent toujours plus ou moins et, en raison de leur disposition aussi fâcheuse que bien caractérisée à la coulure constitutionnelle, sont appelés coulards.

Ces pieds de vigne, dont ce surnom indique assez énergiquement le défaut, sont plus ou moins nombreux, mais existent ou peuvent exister dans toutes les variétés cultivées issues des différentes espèces, mais pour la plupart de la Vitis vinifera, mère de tous les cépages cultivés jusqu'à ces dernières années dans le monde viticole, en dehors de l'Amérique septentrionale et de quelques contrées de l'Extrême-Orient. Toutefois, dans cette immense quantité de cépages issus de la Vitis vinifera et dont le nombre, sans réellement atteindre comme au dire de Virgile « celui des grains de sable que le zéphyr agite dans la mer de Lybie », s'élève cependant suivant Rovasenda au moins à trois ou quatre mille, il n'en existe aucun qui ne fournisse absolument que des coulards. En revanche, ces coulards existent même dans beaucoup de bons cépages, et parmi les meilleurs du Jura on peut citer par exemple le Trousseau, le Poulsard, le Savagnin, etc., qui donnent naissance souvent à ce que les vignerons du pays appellent de mauvais sements, très vigoureux et totalement ou presque totalement improductifs.

Le nombre des coulards est rarement considérable dans les variétés cultivées; mais s'il en existe assez peu dans la plupart d'entre elles, ils sont généralement, au contraire, assez communs dans les espèces sauvages et chez les types primitifs. Bien plus, certaines espèces de l'Amérique du Nord et de l'Extrême-Orient sont presque toujours complètement stériles ou bien le sont assez souvent, comme certains Riparia, Rupestris, etc., pour ne parler que des plus connus. Quelques-unes donnent des fruits qui ne sont pas mangeables, comme la Vitis Caribaea de la Floride. D'autres enfin ne sont pas vinifiables, soit en raison de la maturité successive des grains, suivie presque immédiatement de leur chute, comme dans tous les cépages issus du sous-genre Muscadinia, soit, comme dans la Vitis Coignetæ du Japon et la Vitis Thumbergi de la Chine, en raison de la faiblesse du volume de leur grain et de leur qualité médiocre ou détestable.

§ 6. — *Causes de la coulure constitutionnelle.*

Si le nombre des coulards varie à la fois dans

les espèces et dans les variétés, les causes de la
coulure constitutionnelle sont néanmoins toujours
les mêmes dans tous les cépages qui y sont sujets,
soit qu'elle provienne de la forme anormale de la
fleur, comme dans la plupart des coulards fournis
par les cépages de la Vitis vinifera, soit qu'elle
résulte de la sexualité de la fleur, comme dans la
plupart des cépages issus des autres espèces.

Ces causes résident, soit dans une conformation
défectueuse des organes sexuels de la fleur, vice qui
amène la coulure, c'est-à-dire son avortement par
suite de l'impossibilité de la fécondation, soit dans
le manque d'activité, dans la dégénérescence et
même l'atrophie de l'une ou l'autre espèce de ces
organes, défauts qui l'occasionnent par suite d'une
fécondation mauvaise ou insuffisante. C'est donc à
ces deux effets, fécondation nulle ou insuffisante,
que l'on peut ramener tous les vices de conformation de la fleur qui produisent la coulure, quoique ces
défauts n'aient cependant pas les mêmes caractères
dans les types sauvages et dans les espèces cultivées.

Dans les types de vignes sauvages, en effet, ces
vices consistent généralement dans le manque de
développement, dans la dégénérescence ou l'atrophie
de l'une ou de l'autre espèce des organes reproducteurs, de sorte que la fleur d'hermaphrodite devient
en quelque sorte unisexuée. C'est ainsi que dans les
deux espèces de vigne américaine les plus répandues
maintenant dans les contrées phylloxérées, la Vitis

Riparia et la Vitis Rupestris, la plupart des sujets sont mâles et produisent à peine de rares et maigres grappes. D'autres espèces très sujettes retiennent à peine quelques grains et, parmi celles qui ne coulent pas, beaucoup ne portent que de tout petits raisins. Quelquefois aussi, cependant, chez ces types primitifs, comme dans les espèces cultivées, la coulure constitutionnelle est due seulement à la mauvaise position des étamines sur la corolle, ou bien à leur manque de hauteur, défauts primordiaux qui ne permettent plus au pollen des anthères d'arriver dans l'ovaire.

Dans les variétés cultivées, la coulure constitutionnelle, fort heureusement beaucoup plus rare chez tous les cépages, est due quelquefois à la paresse des organes reproducteurs dans l'acte de fécondation naturelle. Le savant auteur que nous venons de citer en donne pour exemple : Hambourg Cannon Hall, Cambridge botanic garden, M^{ers} Prince's black Muscat. Mais le plus souvent elle est aussi la conséquence d'une conformation vicieuse de la fleur. Ce vice ne résulte plus cependant de la prédominance exclusive ou de l'atrophie de l'une ou de l'autre espèce des organes mâles ou femelles, mais elle est due le plus souvent à une simple anomalie de la fleur, anomalie qui amène la coulure en lui enlevant l'abri protecteur des pétales ou en la privant du pollen des anthères, comme dans Duchess of Buccleuch, cépage mal staminé.

La coulure constitutionnelle peut être aussi parfois le résultat de quelques cas de chlorantie. On a trouvé quelquefois sur la Clairette des fleurs doubles, par suite de la transformation du pistil ou des étamines en feuilles rudimentaires. M. Foëx a observé également des cas de chlorantie sur des pieds d'Herbemont, de Sphynx, de Vitis Thumberji, et même sur des sujets qui étaient peu vigoureux, quoique, d'après les observations de M. Planchon, ces anomalies se produisent surtout dans les terres fortes, argilo-calcaires, à fond humide, qui donnent aux organes végétatifs de la fleur une grande vigueur. Les cas de développement des organes floraux en feuilles plus ou moins rudimentaires ont lieu aussi bien pour l'Androcée que pour le Gynécée. Dans l'Androcée, certaines feuilles staminales sont absolument identiques aux pétales, pendant que d'autres portent des rudiments d'anthère, dont on peut suivre le développement progressif jusqu'à l'étamine normale, avec son filet grêle et allongé et ses deux anthères biloculaires. Dans le Gynécée, sur une même grappe certaines fleurs ont un pistil double, porté sur un seul pédicelle, et les deux ovaires réunis à leur base possèdent chacun un style et un stygmate parfaitement distincts; d'autres fleurs présentent tous les passages successifs et parfaitement nets, depuis l'ovaire biloculaire, normalement constitué, jusqu'aux deux feuilles carpellaires étalées qui leur ont donné naissance; une fleur a même montré ses deux feuilles carpellaires vaguement dentées sur les bords.

Le même cas du développement des organes floraux et feuilles, plus ou moins rudimentaires, a eu lieu pour l'androcée : certaines feuilles staminales étaient absolument identiques aux pétales ; d'autres portaient des rudiments d'anthères dont on suivait le développement progressif jusqu'à l'étamine normale avec son filet grêle et allongé et des deux anthères biloculaires. (V. Foëx, id., p. 22, note 1.)

Ces modifications qui se produisent dans les organes reproducteurs de la fleur par suite de ces phénomènes de chlorantie sont généralement dues à une végétation trop active ; elles présentent alors le caractère spécial d'être éminemment temporaires et de ne plus se produire dès que la vigueur de la plante cesse d'être exagérée. Il n'en est pas de même lorsque ces cas de chlorantie se produisent sur des sujets peu vigoureux, car alors ils fixent sur eux cette forme spéciale de coulure constitutionnelle ; mais fort heureusement ces cas sont assez rares et n'ajoutent pas beaucoup de victimes à celles autrement nombreuses de cette espèce de coulure.

En résumé, les causes de la coulure constitutionnelle résident toutes dans la paresse, la dégénérescence et l'atrophie des organes sexuels de la fleur, ou bien dans la forme anormale et les dispositions défectueuses de l'une ou l'autre espèce de ces

organes. Tous ces vices de conformation ou de fonctionnement amènent, en effet, la coulure en empêchant complètement, ou seulement en contrariant
le rôle naturel et les fonctions normales des organes
reproducteurs, par conséquent une bonne fécondation, condition primordiale de tout produit et premier espoir du vigneron dans la récolte future.

CHAPITRE V

LA COULURE ACCIDENTELLE

SOMMAIRE : Différents modes d'action de la coulure constitutionnelle et de la coulure accidentelle. — Une seule sorte de
coulure constitutionnelle : la coulure de la fleur ; trois sortes
de coulure accidentelle : la coulure de l'apparue, la coulure
de la fleur, la coulure du fruit. — Causes générales multiples
de la coulure accidentelle. Leur division en cinq groupes principaux : causes foncières ; causes culturales ; causes météoriques ; causes accidentelles.

§ 1. — *Différents modes d'action de la coulure
constitutionnelle et de la coulure accidentelle.*

Au contraire de la coulure constitutionnelle dont
la cause est intérieure, puisqu'elle réside dans une
prédisposition naturelle des individus, la coulure

accidentelle résulte surtout d'agents extérieurs,
étrangers à la plante, tels qu'une constitution défectueuse du sol ou les accidents météoriques du printemps. Son action délétère est universelle, en ce
sens qu'elle s'exerce sur tous les cépages indistinc-
tement et non plus seulement sur quelques individus plus ou moins nombreux suivant les types et les
variétés. Mais ses funestes conséquences sont extrêmement variables selon les divers degrés de résistance des cépages et l'intensité des causes qui
l'amènent. Heureusement, ici la théorie est à même
d'indiquer ses causes, d'expliquer leur mode d'action,
et la pratique se trouve en mesure de les supprimer,
ou du moins, à défaut quelquefois de cette puissance, de combattre avec succès leurs effets pernicieux, qui tous peuvent se résumer dans l'insuccès
de la floraison et la chute prématurée du jeune
grain. Il appartient dès lors au vigneron prévoyant
de prendre toutes les précautions utiles pour éviter
cette mauvaise terminaison de la floraison et pour
assurer par tous les moyens nécessaires, moyens
qui sont en son pouvoir et que nous indiquerons
tout à l'heure, son heureuse réussite, première condition de la future récolte.

De même, les divers modes d'action de ces deux
espèces de coulure sont entièrement différents, ainsi
que leurs effets :

La coulure constitutionnelle ne s'attaque qu'aux
différents organes de la fleur, et se borne à empê-

cher sa bonne fécondation. La coulure accidentelle
s'attaque également à l'apparue, à la fleur et au
jeune fruit, suivant le moment où se produisent les
causes qui l'amènent. Avant la floraison, elles ne
pourront agir que sur l'apparue en la faisant *filer* en
vrilles plus ou moins longues ; au commencement
de la floraison, ces causes ne pourront agir que sur
la fleur, de même qu'elles devront se contenter du
fruit aussitôt après la défloraison de la grappe.
Mais dans cette période intermédiaire qui dure
généralement plusieurs jours et quelquefois même
davantage, elles pourront agir aussi bien sur les
fleurs que sur les jeunes grains et entraîner en
même temps par conséquent la coulure de la fleur et
celle du fruit. La coulure accidentelle comporte
donc trois *sortes* de coulure : la coulure de l'apparue, celle de la fleur et celle du jeune grain.

§ 2. — *Trois sortes de coulure accidentelle : la coulure en vert, autrement dit de l'apparue; la coulure de la fleur; la coulure en grain, autrement
dit du fruit.*

Il faut donc distinguer *trois sortes* de coulure
accidentelle, aussi funestes l'une que l'autre : la
coulure de l'apparue, la coulure de la fleur et celle
du fruit ; et définir plus complètement la coulure
en général en disant, comme nous l'avons fait au
début, que c'est : *l'accident qui empêche les fleurs*

dé se former normalement et de nouer leurs fruits,
fait tomber ou disparaître les grains à peine formés.

La coulure en vert, autrement dit la coulure de
l'apparue, a été fort peu remarquée jusqu'ici par les
vignerons et nullement décrite par les auteurs, malgré ses pernicieux effets des plus remarquables,
malheureusement surtout en France ces dernières
années, par suite du refroidissement atmosphérique
de la saison du printemps. Les deux autres, la coulure de la fleur et celle du fruit, sont connues
depuis longtemps des savants et ont déjà été plusieurs fois décrites d'une façon plus ou moins complète par des arboriculteurs et des viticulteurs
anciens ou modernes qui se sont occupés de cette
épineuse question de la coulure.

Dès 1787, l'abbé Rozier en faisait fort bien la distinction, comme on peut le voir dans le passage
suivant de son *Cours complet d'agriculture*, tome
III, p. 527 : « Si la coulure suit toujours l'avortement, elle n'a que trop souvent lieu après une
bonne fécondation. Si quelque temps après la floraison surviennent des pluies, des froids, le grain
se fond. Cette expression quoique métaphorique est
fort juste ; il se dessèche presque souvent en un
clin d'œil ; il tombe et ne laisse pas même sur la
grappe, par exemple, le plus léger vestige de son
existence, quoique la petite queue qui portait ce
grain fît corps avec la grappe. » Tout dernièrement
encore, dans un savant article sur la coulure, M. le

chanoine Lefèvre, l'éminent et regretté arboriculteur de Nancy, disait fort justement : « Il ne faut
pas confondre la fleur avec le fruit : la fleur composée des organes de la reproduction avec leurs organes
protecteurs et le fruit formé de la graine et de son
enveloppe, le péricarpe. Le fruit succède à la fleur ;
tous deux n'existent pas simultanément. Il y a la
coulure de la fleur et la coulure du fruit[1]. »

Cette distinction entre ces sortes de coulure est
non seulement intéressante en théorie, mais aussi
très utile dans la pratique, parce qu'elle permet aux
viticulteurs de mieux juger des différents moments
où chacune d'elles peut se produire et de choisir en
conséquence les remèdes qui lui conviennent le
mieux suivant les circonstances. Elle leur permettra
aussi de mieux se rendre compte des causes des
succès divers et des insuccès partiels de tous les
remèdes qui ont été essayés contre la coulure et
notamment de l'une des principales causes des
rares échecs que, par suite d'une application défectueuse ou intempestive, l'on a pu quelquefois
reprocher à l'incision annulaire de la vigne.

La coulure en vert est sinon la plus rare, au
moins la plus apparente, et la plupart des vignerons
ont besoin d'être prévenus et éclairés pour la reconnaître. Lorsque les pluies froides du printemps,

1. Articles parus en novembre 1887 dans le journal : *le
Béiler*, sous la signature de l'abbé Lefèvre, chanoine honoraire
de Nancy.

l'excès d'humidité tellurique ou atmosphérique, l'absence du soleil, etc., la favorisent, on voit sous sa fâcheuse influence le corps de la jeune grappe s'allonger en vert, ainsi que les vrilles et le bourgeon qui la porte; les boutons qui la composaient d'abord s'espacent et deviennent moins nombreux; on les voit s'amaigrir et commencer à jaunir sur de longs pédicelles. Toutes les parties herbacées du bourgeon et de l'apparue s'allongent, prenant de plus grandes proportions aux dépens du jeune raisin qu'elles amaigrissent, par conséquent, aux dépens de la fertilité et de la fructification; on a donné, en conséquence, à cette forme de coulure de l'apparue, le nom typique de coulure en vert.

La coulure de la fleur est la plus fréquente et par conséquent la plus nuisible. C'est, en effet, à l'accomplissement normal de la floraison, cet acte le plus important de la végétation, qu'est attaché l'avenir de la récolte.

Elle peut avoir lieu avant ou après la floraison. La coulure de la fleur se produit avant même la floraison, lorsque le froid ou les gelées printanières parviennent à atrophier, malgré leurs abris protecteurs naturels, les organes de fécondation de la fleur sans pourtant la tuer elle-même. Ces intempéries amènent ainsi son avortement, par conséquent la disparition du fruit qui devait lui succéder et auquel elle devait donner naissance. Mais elle a lieu plus généralement pendant la floraison par

suite de quelques causes spéciales que nous étudierons plus tard et surtout par l'effet des mauvais
temps qui amènent l'avortement de la fleur, non
plus en atrophiant les organes de la fécondation
eux-mêmes, mais en contrariant seulement leur
fonctionnement normal, en empêchant par conséquent une bonne fécondation et la formation du
grain.

Le coulure du fruit, fort heureusement plus rare
et plus difficile à occasionner, n'en est pas moins
dangereuse par les ravages qu'elle cause lorsque les
phénomènes climatériques du printemps la favorisent. Elle peut succéder immédiatement à la coulure de la fleur et se produire dès que le petit grain
est formé. Elle est à craindre tant que le jeune
grain, dépourvu par la chute du capuchon des pétales
d'abris protecteurs naturels immédiats, n'a pas acquis
par une certain développement une force de résistance suffisante contre les intempéries qui viendront
l'assaillir aux premiers jour de sa naissance. Ce
moment est aussi l'un des plus critiques de la végétation, parce qu'alors le jeune fruit, comme l'enfant
qui vient de naître, a besoin constamment d'une
nourriture substantielle. Si les intempéries, ou
d'autres causes spéciales viennent à empêcher, ou
même seulement à contrarier avec quelque suite
l'élaboration normale de cette nourriture par les
organes spéciaux de la plante dans les jours qui
suivent la formation du fruit, non seulement l'ac-

croissement du petit grain est arrêté, mais alors il se fond et meurt rapidement d'inanition.

A la vérité, ces trois sortes de coulure sont dues toutes trois à peu près aux mêmes causes et, en fait, se confondent pour la vigne, aussi bien dans leurs fâcheux résultats que dans l'époque où elles peuvent se produire. En effet, la floraison de la vigne dure toujours un certain temps, plus ou moins long suivant les circonstances, mais que l'on peut fixer de quinze jours à un mois au maximum, selon la température du printemps et la nature diverse des cépages. Pendant ce temps de la floraison, il existe non seulement sur les mêmes ceps, mais sur les mêmes grappes, à la fois des fleurs en bouton, des fleurs épanouies et de petits grains défleuris. Il est bien évident que les mêmes causes, qui toutes peuvent se résumer dans le froid humide et la famine, agissant alors en même temps sur les boutons, les fleurs et les fruits, pourront amener à la fois la coulure de la fleur et celle du fruit. Il y aura sans doute plus ou moins de victimes dans chaque catégorie suivant la nature de ces causes, leur nombre, leur durée et leur intensité d'action, comme aussi en raison de la résistance générale de chaque variété et celle particulière de chaque individu ; mais tous seront atteints ensemble et ne devront leur salut qu'à leur vigueur personnelle qui leur permettra plus ou moins de résister à la famine, et à la protection de leurs abris naturels qui les garantiront contre les intempéries.

Mais de même que ces diverses sortes de coulure peuvent souvent se produire en même temps, elles peuvent aussi n'avoir lieu que successivement, avec des intervalles d'accalmie, puis par suite d'un retour des intempéries après quelques beaux jours qui auraient suivi les premières bourrasques du printemps, comme aussi l'une d'elles seule peut être amenée par les caprices de la température à cette époque critique du printemps.

En tous cas, cette distinction est, comme nous l'avons vu, des plus utiles dans la pratique, et l'on peut dire même essentielle, pour que viticulteurs et vignerons puissent juger en connaissance de cause des différents moments où la coulure peut se produire suivant les circonstances, ainsi que de ses diverses formes, et en conséquence des différents remèdes que sa forme et ses causes spéciales permettent utilement de lui apporter.

§ 3. — *Causes de la coulure accidentelle.*

A. *Causes générales.* — Les causes de la coulure accidentelle proviennent tantôt du sol lui-même ou du sous-sol ; tantôt de la température ou du climat ; tantôt des procédés de culture et de plantation de la vigne ; tantôt du sujet lui-même, suivant les dispositions spéciales de l'espèce, de la variété et de l'individu. Elles peuvent donc être à la fois foncières, météoriques, culturales ou individuelles, et sont dues soit à l'influence du sol et du sous-sol, soit à l'effet du climat et de la température, soit à l'action de l'homme, soit à l'état de la plante.

Les causes de la coulure accidentelle qui proviennent du sol lui-même ou du sous-sol et que l'on peut, en conséquence, justement appeler foncières, de même que les causes culturales et individuelles, sont beaucoup moins dangereuses que celles que l'on peut appeler météoriques, parce qu'elles résultent à la fois de la température et du climat. Elles ne sont pour ainsi dire que prédisposantes, car elles n'agissent guère d'une façon sérieuse que sous l'action de ces dernières. Les causes météoriques sont beaucoup plus actives, souvent même très énergiques et leurs effets peuvent être rapidement très dangereux quand elles sont de quelque durée, ou lorsqu'elles sont favorisées par l'une ou l'autre des autres causes qui peuvent amener la coulure accidentelle. Fort heureusement, toutes ces causes sont parfaitement guérissables, les unes par suppression directe, les autres, seulement indirectement, en neutralisant leur effet délétère sur la floraison, sur la fécondation et la formation avantageuse du jeune fruit.

B. *Causes foncières.* — Les causes que l'on peut appeler foncières, parce qu'elles proviennent du terrain lui-même, sol ou sous-sol, dans lequel la vigne étend ses racines sont :

En premier lieu, l'humidité naturelle du sol ou

du sous-sol, ainsi que leur imperméabilité. La coulure est alors amenée par l'excès d'humidité maintenu dans la terre autour des racines, excès exclusif d'une saine végétation et préjudiciable à la plante en tous temps, mais surtout à l'époque critique de la floraison. Comme nous le verrons, cet excès d'humidité du sol ou de l'atmosphère forme la base presque constante des causes diverses de la coulure accidentelle et la réunion de ces deux sources d'humidité pour la plante donne à ce fléau son maximum d'intensité. On peut même dire avec justesse que sa base générale est en principe l'humidité du sol et citer à l'appui l'exemple des terrains mouilleux et argileux qui prédisposent la vigne non seulement à la coulure, mais encore à la chlorose, effet parallèle de ce vice du terrain et cause elle-même intermédiaire de la coulure.

En second lieu, la pauvreté du sol, qui ne permet pas aux spongioles ou extrémités des radicelles [1] d'y trouver les divers éléments, spécialement l'azote et les minéraux que les racines ont pour mission de fournir aux organes aériens de la plante.

Les autres causes foncières se confondant avec les

1. Le mot *spongiole,* dont nous nous servons pour désigner l'extrémité des radicelles, n'implique pas l'existence de ce renflement cellulaire auquel on avait d'abord donné ce nom spécial; il est reconnu, en effet, que l'extrémité des racines est assez perméable pour se laisser traverser par les liquides, et que c'est par cette extrémité, par ce que l'on appelle le chevelu, que se fait l'absorption.

causes culturales, nous allons les examiner ensemble.

C. *Causes culturales.* — Les causes culturales résident : *tout d'abord, dans une culture insuffisante*, qui, à ce dernier défaut, ajoute encore celui d'empêcher le sol refroidi par les frimas de l'hiver de s'aérer, de se réchauffer au printemps suffisamment pour favoriser la formation de nouvelles spongioles ;

Ensuite, dans une culture défectueuse ou intempestive, comme un labour donné avant que la terre ne soit suffisamment ressuyée, avant des pluies froides ou des giboulées, ou bien immédiatement avant des brouillards suivis de coups de soleil. Toutes ces causes amènent une végétation faible et languissante et, à sa suite, la coulure, d'abord parce que la faiblesse est elle-même une cause de misère et de maladie, ensuite, pour une raison spéciale fort bien expliquée ainsi par M. Baltet, dans son excellente brochure sur la *Coulure des raisins* : « Si la plante est délicate, il arrivera que le pollen, habituellement riche en phosphore et en azote, réclamant pour son élaboration une somme d'efforts que la sève appauvrie ne saurait lui procurer, fonctionnera imparfaitement et le fruit sera lui-même chétif ou manqué. »

Aussi, dans les cultures intercalaires et les mauvaises herbes qui, surtout au printemps, amènent et maintiennent de l'humidité autour des ceps, fixent

les rosées matinales et prédisposent aussi la vigne
aux atteintes des gelées blanches. Leur effet est d'autant plus pernicieux qu'à cette époque du printemps,
aimée des poètes, mais redoutée à plus juste titre
des vignerons, période pendant laquelle sous de
nombreux climats les beaux jours sont trop souvent
de courte durée, les jeunes bourgeons sont privés par
elle de l'air et de la lumière qui sont nécessaires,
non seulement à leur développement, mais à l'existence même de la plante, à plus forte raison au succès de la floraison. Ce besoin absolu d'air et de lumière pour la végétation prospère de la vigne est si
souvent encore aujourd'hui contrarié, surtout dans
les vignobles en foule, par la pratique vicieuse du
vigneron qui lui marchande en quelque sorte sa
place au soleil, qu'on ne saurait trop s'élever contre
cette désobéissance aux lois les plus fondamentales
de la végétation.

On ne doit donc manquer aucune occasion de
faire ressortir aux yeux du vigneron : d'abord, le
faible apport du terrain, qui n'est que de 6 0/0 environ, vis-à-vis celui de l'atmosphère, qui est de tout
le reste, c'est-à-dire de 93 à 94 0/0, dans la nourriture de la plante en général. Cette disproportion
énorme est plus vraie encore pour la vigne que pour
tout autre végétal, puisqu'elle est l'arbuste le plus
foliacé, ce qui lui permet de supporter, plus ou
moins avantageusement du reste pour son bourreau,
les martyres variés qui lui sont encore infligés dans

de nombreuses contrées viticoles ; ensuite, la faiblesse du travail de l'homme par rapport à celui de la nature, puisque l'effort humain n'intervient dans la production en général que dans la misérable proportion de un contre cinq cents. Ecoutons en passant un maître éminent en ces matières, George Ville, sur ce point encore si peu apprécié des travailleurs : « La production d'un hectare de terre, fixée à dix ou à douze mille kilogrammes de récolte, réclame une quantité de force vive égale à huit mille journées de cheval-vapeur. Or, le cheval-vapeur vaut cinq hommes. Par conséquent, la force vive qu'un hectare de terre exige pour donner sa récolte est équivalente à quarante mille journées d'homme à l'état de forces naturelles ; comme il ne faut pour la même surface en journée d'hommes et d'animaux que l'équivalent de quinze journées de cheval-vapeur, il en résulte que le travail humain n'est qu'une puissance de direction qui rend utile ou nuisible le travail de la nature. C'est l'effet du pilote qui mène au port ou à l'abîme. La plus légère déviation vous perd, car alors huit mille chevaux-vapeur par hectare travaillent contre vous [1]. » L'on peut ainsi facilement juger du tort considérable fait à la récolte aussi bien qu'à la vigne elle-même, non seulement par la privation du bénéfice de la plus grande partie de ce travail considérable de la nature, mais

---

1. Georges Ville, le *Propriétaire devant sa ferme délaissée.*

encore par l'action contre elle de ces forces vives
dont on la prive au profit de ses ennemis immédiats,
mauvaises herbes ou récoltes intercalaires qui la
dépouillent de son bien le plus précieux, l'air et la
lumière.

Il est donc toujours à propos et du plus grand
intérêt pour les vignerons, si ce n'est pour les viticulteurs éclairés : d'abord, de rappeler à leur
mémoire cette importante division en proportions
si différentes entre l'homme et la nature, du travail
qui met en œuvre la végétation, procure l'accroissement et amène la fructification ; ensuite de mettre
en lumière à leurs yeux l'importance capitale du rôle
de l'atmosphère et du soleil, à la méconnaissance de
laquelle le vigneron doit attribuer souvent le peu de
succès de ses efforts et la pauvre rémunération de
son travail. De plus, cette citation d'un maître qui
fait autorité en ces matières nous servira à proposer
tout à l'heure et à faire apprécier un mode rationnel
et économique, toujours avantageux, quelquefois
même le seul possible, de fumure de la vigne,
comme remède contre certains cas de la coulure
accidentelle.

*Enfin, les causes tant culturales que foncières de
la coulure peuvent aussi résider dans un manque
d'équilibre entre la richesse du sol en azote et sa
richesse en minéraux,* défaut assez peu connu généralement dans la pratique des vignobles, qui cependant, en plus de ce fléau de la coulure, entraîne

souvent à sa suite de nombreuses maladies et explique non seulement les insuccès, mais aussi les revers de certaines fumures abondantes dont on attendait des merveilles. Avec l'azote surabondant et la pauvreté relative des minéraux, qui entrent dans la composition des végétaux en proportion si inférieure à l'importance de leur rôle, la production des tissus cellulaires et ligneux est favorisée au détriment de la fructification par une sève trop aqueuse, et la vigne s'emporte en vert. « Une exubérance de sève noie les éléments fructifères d'autant mieux que, dans ces conditions, sous l'impulsion de la force d'absorption si considérable du feuillage de la vigne, les tissus rameux et amylacés des rameaux et des bourgeons ne sont pas parfaitement constitués ; les feuilles mangent le fruit, selon une expression pittoresque, et souvent les organes reproducteurs se transforment en feuilles staminales et carpellaires. Cette transformation porte le nom de chlorantie. »

En dehors même de la coulure, cette disproportion peut amener à la fois pour la vigne et pour la récolte les plus fâcheux résultats. L'excès d'azote empêche les sarments de s'aoûter, nuit aux qualités des raisins et prédispose le vin à plusieurs maladies. La pauvreté relative du sol en minéraux ou l'insuffisance de quelques-uns d'entre eux abaisse immédiatement la récolte dans des proportions plus ou moins considérables suivant leur espèce, malgré toutes les autres qualités du terrain et de la culture.

L'absence de l'un des trois minéraux : phosphore, potasse et chaux, regardés comme les principaux, parce que leur rôle est plus connu et que l'expérience les a montrés comme les divers coefficients de la récolte, suffit à elle seule pour paralyser plus ou moins complètement l'action de tous les autres éléments. Quant à certains d'entre eux, comme le fer et la magnésie, dont l'étude est maintenant à l'ordre du jour par suite des récents travaux sur la chlorose et le phylloxera qui ont mis leur importance en lumière, il semble déjà suffisamment démontré que leur présence en certaine quantité dans le sol est nécessaire pour que la vigne ne devienne pas la proie des maladies cryptogamiques et des insectes envahisseurs.

Pour caractériser en quelques mots le rôle spécial de chacun des divers éléments dont la réunion plus ou moins complète compose tous les végétaux, on pourrait dire que les matières hydro-carbonées ou mieux l'acide carbonique sont l'élément nutritif et réparateur par excellence, que l'azote est le condiment stimulant et assimilateur et les minéraux le régulateur d'une saine végétation, ainsi que la base d'une abondante fructification. Spécialement en ce qui concerne la vigne, on détermine généralement ainsi le rôle des principaux éléments qui entrent dans sa composition en dehors des matières hydro-carbonées : l'azote pousse à la formation des tissus cellulaires et ligneux et ne possède pas d'action directe, avantageuse sur la formation du raisin, ni son rendement en jus ; les matières potassiques ont un effet multiple, elles mettent en valeur les autres éléments, poussent à la bonne formation du bois, au développement des sarments et influent spécialement avec l'acide phosphorique sur la formation et la maturité du raisin ; l'acide phosphorique aide puissamment à la formation et à la maturité du raisin et favorise son rendement en jus ; les matières calcaires solubles poussent à la production du sucre ; enfin le sulfate de fer amène la coloration du raisin et du vin. Ces données générales permettront au vigneron, malgré leur brièveté forcée dans cette étude spéciale, de venir en aide à la végétation languissante, d'utiliser au profit de la fructification la vigueur qui pourrait devenir dangereuse si elle était abandonnée à elle-même, à réprimer au besoin ses écarts, à assainir la végétation, enfin à la diriger avec autorité vers ce but suprême de toute culture, une bonne et abondante fructification.

Il ne faudrait cependant pas tomber dans l'excès contraire et priver la vigne de l'azote nécessaire, au profit exclusif ou trop dominant des minéraux, parce qu'alors la plante, gorgée de substances minérales et n'ayant plus la vigueur nésessaire pour les assimiler, comme l'animal chargé de nourriture qu'il ne peut digérer, tomberait dans le marasme et serait bientôt la proie de maladies, telles que la chlorose et l'anémie. La mesure en tout est de rigueur : et,

plus dans la culture que partout ailleurs, à l'exemple
de l'ordre admirable qui règne dans la nature et
dans tout l'univers, elle est la loi suprême et la première condition du succès. La vigne est un arbuste
d'une grande vigueur, mais aussi d'une extrême
sensibilité; pour son avantageuse exploitation,
même avec les meilleures méthodes et les procédés
les plus parfaits, la règle du vigneron, la devise du
bon *grape grower for profit* se résume en ces deux
mots : la mesure et l'à-propos.

D. *Causes météoriques.* — Toutes les causes foncières et culturales de la coulure accidentelle, causes
que nous venons d'énumérer et d'examiner en détail,
sont de celles sur lesquelles peut s'exercer avantageusement l'action de l'homme. Elles ne sont, en
effet, ni très actives, ni très puissantes, du moins à
elles seules, ne se font sentir qu'à la longue, avec
quelque force, et pour agir avec énergie ont besoin
le plus souvent du concours, assez fréquent du
reste, de quelque autre cause météorique. Les nommer simplement, c'est déjà provoquer leur suppression, car leurs remèdes sont clairement indiqués par
la nature même de ces causes, et se trouvent sous
la main du vigneron, n'étant à proprement parler
que des amendements. Les causes foncières et culturales de la coulure accidentelle ne sont donc pas
dangereuses, puisque, avec un peu d'attention et
d'expérience, il n'y a qu'à vouloir, non seulement
pour s'en défendre, mais encore pour les supprimer.

Quant à ses causes météoriques, elles sont à la fois plus actives et plus difficiles à combattre, parce qu'au contraire des causes foncières que l'on peut supprimer d'une manière immédiate, ce n'est plus sur ces causes elles-mêmes que le vigneron peut agir directement. Elles tirent, en effet, leur origine des lois mêmes qui régissent l'univers, président à l'ordre et à la marche des saisons sur la terre et donnent aux bienfaits, comme aux maux de chacune d'elles, leurs conditions particulières. Le caractère fatal qu'imprime à ces causes cette origine supérieure et leur nature absolue, fait qu'elles échappent à toute action humaine. Dès lors le vigneron devrait subir à la mode musulmane l'ancienne anankê, si la science et l'expérience ne venaient lui apprendre à agir contre elles, non plus en les supprimant, ce qui n'appartient à personne, mais en neutralisant plus ou moins complètement leur influence délétère sur la vigne.

Aussi est-ce à l'étude approfondie de ces causes, ainsi qu'aux moyens pratiques de combattre leurs funestes effets, que ce travail est surtout destiné. Si nous nous sommes quelque peu attardé tout à l'heure sur la question encore obscure de la coulure constitutionnelle, question si intéressante au point de vue théorique pour les savants et pour les amateurs, mais assez peu généralement dans la pratique des vignobles, c'était surtout pour déblayer devant le vigneron la route de la victoire sur la coulure acciden-

telle, en la débarrassant de cet obstacle de la coulure
constitutionnelle contre lequel, faute de pouvoir le
reconnaître, auraient pu venir échouer tous ses efforts.
Après la description des causes qui amènent la coulure météorique, nous étudierons leur mode spécial
d'action sur la vigne, c'est-à-dire la manière dont
elles la produisent dans les différents cas. Et cette
étude théorique sera réellement pratique, parce que
nous aurons un bonheur assez rare dans l'étude des
différentes maladies qui depuis quelque temps déjà
assaillent de toutes parts la pauvre *vinifera*, au
point de faire croire qu'elle touche à sa période de
décrépitude. Ce bonheur sera, en plus de l'indication de quelques palliatifs plus ou moins avantageux,
de pouvoir indiquer, contre la coulure météorique,
qui est à la fois la plus générale et la plus dangereuse, un remède souverain et absolu, contre lequel
on n'a pu relever que des défaillances provenant
d'un mode d'application défectueux et n'élever que
des objections sans fondement. Ce remède d'une
efficacité certaine contre cette forme spéciale de la
coulure et sans aucun inconvénient quand il est
judicieusement pratiqué, c'est l'incision annulaire.
La seconde partie de ce travail sera consacrée à
l'étude théorique de son mode d'action à la fois sur
la vigne elle-même et sur la coulure, ainsi qu'à la
description détaillée de son application judicieuse,
facile et rapide dans tous les vignobles. Cette étude
de l'incision annulaire va nous être dès maintenant

facilitée par l'examen des causes météoriques de la
coulure accidentelle, qu'elle est destinée à guérir.

Les diverses causes météoriques peuvent se résumer avec précision dans la persistance pendant la
floraison d'une température à la fois humide et
froide, de pluies ou de brouillards prolongés qui
privent la vigne du soleil et la gorgent d'eau,
comme aussi dans la continuité de quelque durée de
vents desséchants qui entravent le cours de la sève.
La coulure météorique peut aussi être amenée par
des alternatives trop brusques de coups de soleil
succédant à des rosées abondantes, à des brouillards
ou des pluies d'orage. Toutes ces différentes causes
suffisent à elles seules pour la produire, mais la
réunion en même temps de quelques-unes d'entre
elles l'amène fatalement et leur persistance détermine
alors rapidement un véritable désastre. Ces causes
sont donc complexes, en ce sens que, pour produire
la coulure avec quelque intensité, il faut la concor-
dance, soit de la pluie et du froid, soit de la sèche-
resse et du vent, comme aussi celle de pluies d'orage,
de brouillards épais, de rosées abondantes avec d'ardents coups de soleil.

Chaque pays a ainsi sa part plus particulière dans
les accidents météoriques du printemps. Aux contrées septentrionales, la pluie et le froid ; aux régions
visitées par le mistral, le siroco, le pampero, etc.,
les vents et la sécheresse qu'ils amènent avec eux ;
aux pays chauds, aux climats maritimes, aux régions

tropicales, les ardents coups de soleil succédant aux
pluies d'orage, à des brouillards épais, à des rosées
ardentes. En résumé, pluie et froid, vent et sécheresse, humidité et coups de soleil, telles sont les
diverses causes météoriques de la coulure dans les
deux hémisphères.

En examinant ensemble ces différentes causes, il
est facile de s'apercevoir qu'à part les vents desséchants qui occasionnent la coulure en contrariant
le cours de la sève, aussi quelquefois en amenant le
dessèchement du stigmate, du pistil, elles ont
toutes pour base commune une trop grande quantité
d'eau qui vicie la bonne élaboration de la sève descendante. Sa pauvreté, ou sa mauvaise qualité, ne
lui permet plus dès lors de suffire aux besoins de la
plante dans un moment où, au contraire, une nourriture riche et abondante lui serait nécessaire pour
nouer ses fruits et les défendre contre les intempéries
du printemps.

Il est cependant à remarquer que l'humidité
atmosphérique, au contraire de l'humidité du sol
qui est une des principales causes foncières de la
coulure, ne l'amène pas à elle seule directement.
Alors, en effet, le travail des feuilles suffit encore à
exhaler d'une manière suffisante l'eau de la sève
ascendante et à élaborer normalement la quantité
moyenne de cette sève que leur envoient les racines.
En débarrassant ses apports organiques et minéraux
de leur excès d'eau, en l'enrichissant en plus de

nouveaux éléments puisés dans l'atmosphère, les
feuilles la transforment alors en une sève descendante suffisamment riche et abondante. Mais si, au
contraire, à cette trop grande humidité atmosphérique, qui est déjà un danger par elle-même, vient
encore s'adjoindre une autre cause de trouble pour
la bonne élaboration de la sève descendante, comme
le froid qui paralyse l'action des feuilles, ou bien
immédiatement après des pluies d'orage d'ardents
coups de soleil qui surexcitent l'ascension rapide
d'une sève trop aqueuse dans les feuilles surchargées
elles-mêmes d'humidité, alors l'équilibre est rompu
entre l'apport aqueux des racines et l'exhalaison des
feuilles dans l'atmosphère ; alors le travail des parties
vertes de la plante est vicié et comme conséquence
une sève mal élaborée arrivant à la fleur ne lui permet plus de nouer ses fruits ni de nourrir le jeune
grain déjà formé, et laisse fruits et fleurs mourir
d'anémie.

On peut donc dire avec justesse que la coulure
météorique est le plus souvent le résultat *immédiat*
d'une sève descendante mal élaborée par les feuilles
paralysées par le froid, ou surchargées d'un trop
grand travail d'exhalaison, au milieu de l'humidité
atmosphérique, par les racines gorgées d'eau et
surexcitées elles-mêmes dans leurs fonctions par le
vigoureux appel de sève ascendante que provoquent
dans les parties vertes d'ardents coups de soleil.
Telle est l'explication de la manière *immédiate* et la

plus générale dont les causes météoriques que nous
venons d'indiquer, et qui sont elles-mêmes les
causes de cette mauvaise élaboration de la sève, par
conséquent les causes *prochaines* de la coulure accidentelle, l'amènent par leur connexité et par l'intermédiaire de cette cause *immédiate*.

En dehors de cette cause physiologique, sève
défectueuse, et comme conséquence mauvaise alimentation de la plante, nutrition mauvaise ou au
moins imparfaite de la fleur et du fruit, l'insuccès
de la floraison et la chute du jeune grain peuvent
être occasionnés exceptionnellement par quelques
causes physiques, également météoriques. Ces
causes physiques, dont l'action assez rare, du reste,
est aussi très restreinte, frappent directement à la
manière d'un coup, d'une déchirure ou d'un enlèvement. Aussi, bien qu'entraînant la perte de la
fleur et du fruit, elles n'occasionnent pas cependant
la coulure, mais des accidents spéciaux et directs
essentiellement semblables à ceux de la gelée qui
rompt les cellules, de la grêle qui broie les raisins,
des ouragans qui enlèvent les feuilles et cassent les
pampres de la vigne. Le fléau de la coulure est déjà
assez chargé de méfaits sans lui imputer encore
ces accidents extraordinaires qui ne peuvent être
jamais que très rares, tout à fait locaux; et sont causés bien plutôt par certaines formes exceptionnelles
de la gelée et de la grêle, s'ils ne sont pas ces accidents eux-mêmes tels que nous les voyons se pro-

duire habituellement. Comme la coulure, ils
entraînent à la vérité la perte de la fleur et du
jeune grain, mais ils en diffèrent essentiellement
par leur mode d'action rapide et presque instanta-
née ; de plus, au contraire de la coulure, mais bien
à l'exemple de ces deux autres larrons de la récolte,
la grêle et la gelée, ils n'ont pour tout remède que
des abris protecteurs d'une application plus ou
moins pratique et avantageuse dans la généralité
des vignobles.

Le premier de ces accidents exceptionnels nous
est déjà connu, c'est l'atrophie par le froid des
organes sexuels de la fleur malgré leur double enveloppe protectrice, le calice et la corolle. La fleur,
ainsi privée de ses organes de reproduction par un
froid insuffisant cependant pour la détruire elle-
même par la gelée, ne s'épanouit plus dès lors que
pour mourir presque aussitôt sans laisser aucune
trace de son existence. Ce phénomène n'est pas particulier à la vigne, et a été remarqué de même sur
les arbres frutiters, comme le constate en ces termes
le savant professeur de Nancy que nous avons déjà
cité : « Quelquefois cette double enveloppe (du
calice et de la corolle) est insuffisante contre le
froid, et l'on trouve après une gelée printanière,
dans le cerisier par exemple, le style roussi et les
ovules noircies dans le calice, même avant l'épanouissement de la fleur. »

Cet accident n'est donc pas causé par la coulure,

mais par une forme bénigne de la gelée, tout aussi bien que lorsque, un peu plus forte, elle entraîne la perte de la fleur tout entière.

En dehors de cette forme exceptionnelle de la gelée, on a cité trois autres accidents météoriques spéciaux, comme pouvant également être des causes physiques de l'insuccès de la floraison. Ces accidents consistent : dans l'enlèvement du pollen par la pluie, le collage du capuchon des pétales sur les anthères et la cassure par une pluie glaciale de l'ovaire fécondé. Les nommer serait leur faire tout l'honneur que mérite le peu d'importance que leur procurent à la fois leur rareté et l'étendue très restreinte de leur action, si grâce à eux la théorie et les apparences superficielles n'avaient porté quelques auteurs à donner la pluie à elle seule, ainsi que le froid unique, comme une cause directe et immédiate de la coulure.

FIN

APPLICATION PRATIQUE

DE

L'INCISION ANNULAIRE

SUR LES TREILLES

ET DANS LES VIGNOBLES LES PLUS ÉTENDUS

PAR

Le Comte DE FOLLENAY

Chevalier de la Légion d'honneur, Commandeur de Saint-Grégoire-le-Grand, etc.,
Membre de la Société régionale de viticulture de Lyon, etc.
Membre de la Société des Agriculteurs de France.

———◆———

> « L'incision annulaire est une conquête assurée, définitive,
> et la plus importante de toutes pour la fécondité de la vigne...
> Absence de toute coulure, beauté de la grappe et des grains,
> maturité hâtive et plus complète de dix à quinze jours : tels
> sont ses principaux résultats. »
>
> Dr Jules Guyot, *Études des vignobles de France,*
> tome III, page 117.

———◇◆◇———

*A MM. Bender, président, et Pulliat, secrétaire général de la
Société régionale de viticulture de Lyon.*

MESSIEURS ET HONORÉS COLLÈGUES,

Je vous prie d'agréer, au nom de la Société de viticulture de Lyon, l'hommage de cette monographie de l'*Incision annulaire de la vigne,* destinée à venir en aide aux
vignerons dans la défense de la récolte contre les deux

grands ennemis à la fois de sa quantité et de sa qualité :
la coulure du raisin et le défaut de maturité de la vendange.
L'*Incision annulaire,* judicieusement pratiquée, supprimera
ces deux fléaux de la viticulture, d'abord en empêchant la
coulure climatérique du raisin ; ensuite en avançant de
quinze jours l'époque de sa maturité.

Sous l'habile direction de son président, grâce aux
excellents enseignements de son savant secrétaire général
et au dévouement de tous ses membres à la cause viticole,
la Société de viticulture de Lyon s'est montrée le meilleur
auxiliaire de la défense de nos vignobles et le guide le
plus sûr dans l'œuvre ardue de leur reconstitution. Ses
conférences et ses enquêtes spéciales, les grands congrès
viticoles qu'elle a réunis, les nombreuses écoles de gref-
fage qu'elle a installées dès 1883, ont fourni les armes qui
leur donnent maintenant la victoire contre les maladies
cryptogamiques et le ravage des insectes.

Son excellent concours, en vulgarisant l'*Application pratique de l'Incision annulaire sur les treilles et dans les
vignobles les plus étendus,* leur permettra de vaincre aussi
ces deux ennemis, jusqu'ici à peu près invincibles : la
coulure et le défaut de maturité du raisin.

Ce petit livre ne pourrait donc avoir de meilleurs par-
rains, de même que l'*Incision annulaire* un plus puissant
patronage.

Veuillez bien en agréer l'hommage, messieurs et honorés
collègues, ainsi que l'assurance de mes meilleurs et plus
distingués sentiments.

FOLLENAY.

Château de Lombard, par Quingey (Doubs), le 20 mai 1889.

A M. le comte de Follenay, membre de la Société régionale de viticulture de Lyon.

Monsieur et honoré Collègue,

C'est un grand honneur que vous nous faites d'associer nos noms à la vulgarisation de l'*Incision annulaire da la vigne ;* nous acceptons de grand cœur cet hommage à la Société générale de viticulture de Lyon.

Une marque aussi obligeante de déférence de la part d'un praticien érudit tel que vous nous est un grand encouragement. Vous voulez bien, dès la première page de votre savante publication, constater notre désir d'être utiles à nos concitoyens ; merci, monsieur.

Veuillez, ainsi que tous les chercheurs, nous continuer votre précieux concours ; nos efforts communs seront bientôt couronnés de succès ; ils le sont déjà.

Nous vous prions, monsieur, d'agréer l'assurance de la haute considération de

Vos dévoués collègues,

Le Président de la Société,
E. Bender.

Le Secrétaire,
V. Pulliat.

Villefranche et Chiroubles (Rhône), 25 mai 1889.

L'INCISION ANNULAIRE

SUR LES TREILLES

ET DANS LES VIGNOBLES LES PLUS ÉTENDUS

CHAPITRE Ier

EXPOSÉ GÉNÉRAL

---

§ 1. — *Définition, effets et avantages de l'incision annulaire de la vigne.*

On appelle *incision annulaire* l'enlèvement complet, mais sans attaquer l'aubier, d'un anneau d'écorce plus ou moins large, sur une branche ou sur un rameau de l'année.

Cette petite, mais assez énergique opération, a pour EFFET de concentrer plus spécialement la sève élaborée par les feuilles d'une branche dans la partie de cette branche située *au dessus* de l'incision, sans toutefois apporter d'obstacle à la circulation de la sève brute dont elle ne fait que retarder l'ascension vers les feuilles. La concentration de la

6

sève élaborée, c'est-à-dire la fixation plus active et plus complète du cambium, a lieu non seulement autour du sommet cicatriciel de la blessure, mais elle s'opère aussi sur tous les points supérieurs à l'incision, et amène aussi rapidement, dans toute cette partie de la branche, un état pléthorique, disposant tous ses bourgeons à s'accroître en largeur plutôt qu'à s'allonger, état beaucoup plus favorable à la fertilité et à la fructification qu'à la stérilité et à la vigueur. Ces phénomènes physiologiques sont analysés dans le chapitre III, qui est consacré entièrement à la théorie de l'incision annulaire.

Les heureux RÉSULTATS de l'incision sont aussi nombreux qu'avantageux :

1° Elle supprime la coulure climatérique d'une façon plus ou moins complète suivant les circonstances et les conditions dans lesquelles elle se produit ;

2° Elle accroît la fertilité du cep, la beauté des fruits ; elle augmente la grosseur du grain et le volume de la grappe ;

3° Elle avance de dix à quinze jours la maturité du raisin. Elle rend ainsi synchronique avec celle du chasselas la maturité de tous les raisins de seconde époque dont la conservation était menacée par le défaut de chaleur dans le Nord, l'Est et le Centre de la France ; elle permet au Midi, et au moins en partie dans le Sud-Ouest, la culture des gros raisins de 3° et 4° époque ; enfin elle sera pour les Américanistes un auxiliaire de la plus grande valeur, les producteurs directs répandus jusqu'ici étant presque tous d'une maturité plutôt tardive que précoce ;

4° Elle accroît de deux degrés environ la richesse saccharine du raisin, par conséquent la qualité et la valeur du vin ;

5° Elle augmente le rendement en jus du raisin et, par conséquent, en plus de la qualité, la quantité du produit ;

6° Elle met à fruit les variétés et les individus que leur vigueur rend souvent infertiles et avance dans tous le moment de la fructification ;

7° Elle assure et hâte l'aoûtement du bois incisé, augmente sa facilité à s'enraciner et à reproduire par le bouturage les précieuses qualités communiquées par l'incision à la partie de la branche située au dessus d'elle.

Ces divers résultats sont examinés et discutés dans le chapitre VI qui traite des avantages de l'incision annulaire.

§ 2. — *Application et exécution de l'incision annulaire.*

L'incision annulaire est une petite opération d'une application facile et d'une exécution rapide, aussi bien dans les vignobles les plus étendus que sur les treilles des jardins.

Le *moment* d'opérer l'incision peut varier depuis l'apparition des fleurs jusqu'à la défloraison : l'instant le plus favorable paraît être le commencement de la pleine floraison.

L'*endroit* où se pratique l'incision varie avec les différentes tailles, comme les diverses formes données au cep. Elle ne se pratique jamais sur la tige elle-même, ni sur les bras, ni sur le bois de remplacement. On l'opère exclusivement sur les branches à fruit ou sur les branches mixtes, et seulement sur une partie de ces branches quand la taille ne comporte pas de branches à bois. La place qu'on lui donne sur les branches à fruit ou sur les branches mixtes détermine le nombre des bourgeons qui profiteront de ses bons effets. Tous les rameaux auxquels ces bourgeons donnent naissance sont pincés plus ou moins longs pendant l'été et disparaissent à la taille suivante.

La *largeur* de l'incision dépend de la vigueur du sujet, comme aussi de l'endroit où elle est pratiquée. Toutefois sa largeur moyenne peut être fixée de quatre à cinq millimètres quand elle est faite avec un couteau, de cinq à six lorsqu'elle est opérée à l'aide d'un instrument à mouvement circulaire autour de la branche, à cause des petites portions de matière corticale que l'on est parfois obligé de laisser dans les parties déprimées pour ne pas entamer les arêtes du bois dans les parties saillantes.

Le but comme l'effet de l'incision annulaire étant

un accaparement, partiel et momentané il est vrai,
de la sève élaborée, au profit de quelques bourgeons
fructifères, le *principe* qui doit constamment guider
les viticulteurs pour sa judicieuse application est à
la fois : une équitable répartition de cette sève entre
les branches à fruit qui donnent la récolte de l'année et les branches à bois qui préparent celle de
l'année suivante, ainsi qu'un juste partage entre la
portion de cambium concentrée sur les bourgeons
fructifères favorisés par l'incision et celle qui fait
librement retour aux racines. On peut être certain
de se maintenir dans ces conditions en ne pratiquant l'incision que vers le milieu des branches à
inciser, plus ou moins haut vers ce milieu suivant
qu'elles sont accompagnées ou non de leurs coursons de remplacement, et, dans la taille courte,
seulement sous l'œil supérieur de la moitié des
coursons.

L'incision annulaire peut être faite avec tout
instrument tranchant, couteau, canif on sécateur.
On commence alors par limiter par deux entailles
circulaires la portion d'écorce à enlever et on enlève
ensuite avec la pointe de l'instrument l'anneau ainsi
délimité. La section de l'écorce doit être franche et
son enlèvement complet ; mais il faut avoir grand
soin en opérant ainsi de ne pas entailler le bois, ce
qui serait facile si l'on n'y prêtait attention, l'aubier
à l'état parenchymateux se confondant, dans la
vigne, avec l'écorce. On risquerait de compromettre

la solidité de la branche et même la vie du rameau, si la coupure de l'écorce atteignait et attaquait le bois.

Ce mode primitif d'opérer ne peut être de mise dans les vignobles à cause de sa longueur et de sa minutie. Mais l'incision annulaire devient d'une exécution rapide et facile, même pour des femmes ou des jeunes gens, avec les *coupe-sève, bagueurs, inciseurs* et autres instruments spéciaux. Parmi ces outils, tous généralement imparfaits, quelques-uns exécutent assez bien l'incision et le meilleur paraît être encore le Pince-sève Renaud. Mais, malgré leurs avantages particuliers et notamment la bonté réelle de ce dernier, leur plus grand défaut est surtout d'être des instruments de jardin et d'expérience, et non des outils de grande culture. Dans le but de remédier à ces inconvénients, j'ai fait construire par M. Renaud, coutelier à Lyon, rue de Constantine, un *inciseur annulaire*[1] de la force moyenne d'un sécateur, dont la surface active beaucoup plus développée dans tous ses organes et la mise en main puissante permettent d'inciser, sans fatigue et sans crainte de dérangement des lames ou d'engorgement des rainures, un hectare de vignes en trois

---

1. Ces deux instruments sont en vente chez M. Renaud, coutelier à Lyon, 14, rue Constantine, le Pince-sève Renaud au prix de 5 francs, et l'Inciseur annulaire Follenay au prix de 8 francs. Tous deux sont d'une fabrication parfaite, qui fait le plus grand honneur à leur constructeur.

jours maximum. On trouvera au chapitre V, consacré à l'exécution de l'incision, la description et le mode d'emploi de ces deux instruments.

Quel vigneron soucieux de ses intérêts ne voudrait, à l'aide d'un solide instrument du prix de 8 francs et de la valeur de trois journées de travail par hectare, assurer ses vignes contre la coulure, avancer la maturité et obtenir les nombreux avantages de l'incision annulaire ?

CHAPITRE II

APERÇU HISTORIQUE

Avant d'aborder l'examen du mode d'action de l'incision annulaire sur la vigne et d'entrer dans les détails de son exécution, il sera certainement intéressant et utile de connaître au moins superficiellement l'histoire de cette petite invention et d'indiquer sommairement les différentes phases qu'elle a traversées avant d'arriver jusqu'à nous. En effet, si l'incision annulaire paraît avoir été connue des savants dans une haute antiquité, en revanche elle n'a été étudiée et appliquée le plus souvent que par des spécialistes et des amateurs sur les treilles de

leurs jardins. Un certain nombre de viticulteurs
intelligents ont, il est vrai, appliqué avec succès
l'incision dans leurs vignes en plein champ depuis
le commencement du siècle, comme on le verra au
chapitre VII, consacré à la relation des applications
de l'incision annulaire dans les vignobles ; mais ces
essais particuliers, quoique ayant eu lieu dans les
diverses contrées viticoles de la France, sont généralement restés dans une sphère trop élevée pour
que leurs résultats se soient répandus au delà d'un
rayon assez restreint. En somme, l'incision annulaire de la vigne n'a jamais été pratiquée d'une
manière assez générale et assez suivie dans les
vignobles français pour que les conditions de sa
bonne exécution y soient connues, et surtout pour
que ses nombreuses qualités y soient appréciées
comme elles le méritent, surtout dans la terrible
crise viticole que nous traversons.

§ 1. — *Auteurs anciens et modernes.*

Théoriquement tout au moins, l'incision annulaire
était connue fort anciennement.

Sans remonter au delà de l'ère actuelle, nous
trouvons à son début, *Vitruve*, quoique vivant au
siècle d'Auguste et possédant des connaissances
spéciales fort étendues, enseignant dans son latin
d'architecte qu'avant d'abattre les arbres forestiers,
il faut les cerner par le pied jusqu'à ce que mort s'en

suive ; cette facile opération les rend meilleurs pour le service et permet de les employer de suite dans toutes leurs parties.

On sait que les *Chartreux* incisaient déjà les arbres fruitiers au xɪvᵉ siècle.

Le père de l'agriculture française, *Olivier de Serres*, appelé par Henri IV pour installer à Versailles une plantation modèle de mûriers et répandre en France l'industrie de la soie, parle dans son *Temple de l'agriculture* de l'incision des oliviers.

Les premières expériences méthodiques et suivies dont nous possédions les détails remontent à 1733. Elles sont dues au savant naturaliste *Buffon*, auquel elles furent inspirées par les traditions de Vitruve, et surtout par les enseignements d'*Evelin* dans son *Traité des Forêts*, et du Dʳ *Plot* dans son *Histoire naturelle*. Ces deux auteurs rapportent, en effet, qu'en Angleterre on écorce les gros arbres sur pied dans le temps de la sève, qu'on les laisse sécher jusqu'à l'hiver suivant, qu'on les coupe alors, que le bois en devient bien plus dur et qu'on se sert de l'aubier comme du cœur.

Nous ne suivrons pas le célèbre écrivain dans la description détaillée de ses nombreuses expériences ; nous retiendrons seulement ses conclusions. Ayant reconnu que l'incision annulaire avait, en effet, pour résultat d'augmenter la densité du bois et surtout de rendre l'aubier aussi dur que le cœur de l'arbre, l'idée lui vint de l'appliquer aux arbres fruitiers. Les expériences qu'il entreprit le 3 mai 1733 et qu'il continua pendant plusieurs années furent si concluantes qu'il n'hésita pas, en conséquence, à recommander l'incision annulaire pour augmenter le nombre des fruits, leur volume, leur beauté et leur précocité.

Ainsi, dès les premières expériences sérieuses, aux premiers essais pratiqués avec suite et méthode, les heureux résultats de l'incision annulaire apparaissent clairement, et son influence, à la fois sur la qualité, la quantité, la beauté et la précocité du fruit, paraît assez considérable et assez certaine pour mériter d'être recommandée par une telle autorité !

Le savant naturaliste du xviii° siècle résume ainsi les conséquences de ses nombreux travaux sur l'incision et conclut en ces termes : « L'interception de la sève durcit le bois...; plus elle est grande, plus le bois devient dur ; on ne sera donc plus contraint de retrancher l'aubier et de le rejeter ; on emploiera les arbres de toute leur grosseur, ce qui fait une différence prodigieuse... De quelque façon qu'on l'intercepte, on est sûr de hâter la production des fruits. » (*OEuvres complètes*, t. I, p. 724 de l'édition de 1839.)

Les conseils de Buffon ne tardèrent pas à être suivis, tout au moins dans le monde des savants. En effet, nous voyons en 1787 l'incision annulaire recommandée contre la coulure de la vigne par

l'*abbé Rozier* dans son *Cours complet d'agriculture*,
où il décrit ainsi son exécution et ses effets, tome
10, p. 257 : « Aussitôt que les fruits d'un cep sont
noués, enlevez adroitement avec une petite lame
bien tranchante, sur le vieux bois qui porte immédiatement un nouveau bourgeon, une portion de la
substance corticale jusqu'à la partie ligneuse et
seulement de la hauteur de quelques millimètres.
Ayez soin que toute la partie soit mise circulairement à découvert, mais sans être endommagée, sans
avoir reçu la moindre atteinte... Quelque commun
qu'ait été le mal de la coulure dans les autres
parties de la vigne, vous verrez que la branche
mise en expérience en aura été tout à fait exempte. »

Ainsi, dès cette époque, c'est-à-dire bien avant le
commencement du siècle, l'incision annulaire était
déjà sortie du domaine douteux de l'expérimentation
pour entrer dans le champ assuré de la pratique. La
description que l'abbé Rozier faisait en 1787 des
détails mêmes de son exécution était assez nette et
assez précise pour permettre à chacun cette facile
opération avec un simple couteau, et l'indication de
ses bons effets contre la coulure assez affirmative
pour engager déjà les vignerons, sinon à la pratiquer, du moins à l'essayer dans quelques parties de
leurs vignes.

Les écrivains du XIX° siècle sont encore plus favorables à l'incision annulaire que leurs prédéces-
seurs. Presque tous les auteurs, anciens et moder-

nes, dit M. Charles Baltet dans son excellente notice
sur la *Coulure du raisin*, donnent un avis favorable
à l'annellation faite en saison convenable.

P. de Candolle (*Physiologie végétale*, livre II,
chapitre V), parle de raisins de Corinthe qui n'ont
pas coulé sous l'influence du baguage.

Cabanis fait la même réflexion, en 1802, à l'occasion d'un cep de vigne stérile rendu fécond.

Parmentier engage, une fois l'incision accomplie,
à remplacer la pellicule enlevée par un fil de laine
pour mieux assurer l'obstacle à la coulure. Déjà
Buffon avait pratiqué cette expérience avec succès.

En 1809, *Bosc*, inspecteur des pépinières de
l'Etat, exprime, dans le *Nouveau cours d'agriculture*, le vœu que l'usage de l'incision soit plus
répandu.

Le *comte Lelieur*, redoutant la cassure du sarment, ne cerne que des tissus fermes (*Pomone
française*, 1816).

Dans le même but, *Louis Noisette* préfère l'application de l'incision sur une branche de l'année
précédente. (*Jardin fruitier*, 1821.)

En 1825, *Bailly de Merlieux* publiait, dans la
Bibliothèque physico-économique, une note sur
l'incision annulaire, où cette opération est sagement
recommandée.

Thiébaut de Berneaud donne, la même année,
dans le *Manuel du vigneron français*, un résumé de
l'application de l'incision annulaire de la vigne dans

les divers départements. Presque tous reconnaissent ses bons effets; quelques-uns même, comme la Champagne, se plaignent de sa trop grande efficacité qui rend les grappes trop compactes et dès lors moins bonnes pour les vins mousseux.

Dans son *Cours de culture* (1872), *André Thouin*, professeur au Muséum, conseille l'emploi de l'incision lorsque la sève est surabondante.

En 1834, *Chopin*, de Bar-le-Duc, beaucoup trop radical, conseillait la culture du poirier en fuseau avec une incision annulaire au collet pour le forcer à fruit.

Le *comte Odart* pratiqua la circoncision pendant une vingtaine d'années et la recommanda contre la coulure dans son *Manuel du Vigneron*.

M. Laujoulet, de Toulouse, signale l'amélioration du vin comme l'une des trois propriétés de l'incision.

M. Bazin, professeur de la Société d'horticulture de Clermont (Oise), obtient de tels succès avec l'incision que cette Société s'empresse de déclarer (1871, *Bulletin* n° 16) que « l'ampleur des grappes incisées, « la grosseur de leurs grains, leur coloris et surtout « leur saveur, démontrent l'évidente utilité de l'an- « nellation dans les variétés à maturité tardive, et « surtout dans les années où la maturation se trouve « interrompue par des froids précoces ».

Enfin, des expériences récentes du professeur Ottavi, agronome italien, il résulte que les vignes incisées au moment de la fleur ont perdu seulement

8 grappes sur 125, lorsque sur les plants non incisés la perte s'est élevée à 92. « Il a donc, dit le
« *Giornale vinicolo italiano*, un très grand avan-
« tage à pratiquer l'incision annulaire. »

En somme, à la suite de nombreux essais, la plupart des agronomes et botanistes, dont le nom fait
autorité, ont apprécié favorablement l'incision. Tels
sont : Duhamel, Lancry, l'abbé Rozier, Parmentier,
Surisay-Delarue, Cabanis, Bosc, André Thouin,
Calvel, Pfluguer, Hempel, de Candolle, Féburier,
Thiébaud de Berneaud, C. Bailly, Raspail, Noisette,
Poiteau, comte Odart, Vibert, Jules Guyot, etc. C'est
par ce nom célèbre dans les annales de la viticulture
moderne que nous allons fermer la longue liste des
principaux partisans de l'incision.

Mais, avant de citer les termes dans lesquels ce
savant viticulteur formule son opinion dans plusieurs de ses ouvrages, il nous faut encore ajouter
un nom, aussi célèbre dans les annales de la culture
fruitière contemporaine, à ceux des nombreux arboriculteurs qui ont expérimenté avec succès l'incision
sous toutes ses formes. Ce nom est celui du savant
auteur auquel nous venons d'emprunter en grande
partie les bases mêmes de ce rapide résumé des opi-
nions émises sur l'incision annulaire par les botanistes et les agronomes de notre siècle. Dans son
excellent *Traité de la culture fruitière*, M. Charles
Baltet recommande l'incision annulaire pour entraver la coulure du raisin : « Nous l'avons expérimen-

tée, dit-il page 521, sur nos treilles, et nous en
avons reconnu l'efficacité dans les vignobles de
M. de Tarrieux en Auvergne, et dans les belles col-
lections de M. Pulliat à Chiroubles. » Dans sa brochure sur la coulure du raisin (Grenoble, 1872),
M. Baltet est encore plus explicite sur les avantages
de l'incision pratiquée en temps utile. Le passage
qui les résume, intéressant aussi sa pratique, mérite
d'être cité en entier : « Si la branche incisée porte
des bourgeons fructifères et si la décortication a lieu
pendant la floraison de l'arbuste, surtout à la phase
initiale de cette période, le fruit placé au dessus de
la section annulaire nouera mieux, par conséquent
coulera moins ; son volume sera supérieur, son coloris vigoureusement accentué, sa maturation précoce ; tandis que, si l'on attendait pour opérer que
l'épanouissement des fleurs soit terminé, l'influence
de l'incision contre la coulure serait nulle ; tout au
plus obtiendrait-on une légère avance dans la maturité du fruit (page 14). »

M. Ch. Baltet résume dans les termes suivants
les magnifiques succès obtenus aussi bien sur leurs
treilles que dans leurs vignes par l'emploi de l'incision annulaire, dont les résultats furent assez heureux pour convaincre le Dr Jules Guyot, jusque-là
encore peu partisan de cette petite, mais si importante opération : « L'intérêt dominant de l'incision
est avec les races de grande culture. Or, nous avons
parfaitement réussi avec le premier de nos raisins de

table, le Chasselas, et avec les cépages à cuve de
nos contrées : les Pineaux et les Gamays. Comme
confirmation, nous invoquons le témoignage de deux
autorités agricoles, qui en ont jugé de *visu et gustu*. A
l'automne 1886, M. Lembezat, inspecteur général de
l'agriculture, lors de sa mission officielle dans notre
établissement dans l'Aube, fut frappé de la fertilité
des ceps incisés, de la grosseur des raisins et de
leur maturité précoce. Le 2 octobre 1864, M. le D^r
Jules Guyot visitait nos pépinières : il accorda une
large part d'éloges à nos vignes incisées, dans son
*Rapport au Ministre sur la viticulture du Centre-
Nord de la France* (1866, p. 324), dans le *Journal
d'agriculture pratique* (5 juin 1865) et dans ses
Études des vignobles (t. III, p. 117).

En conséquence des faits produits par MM. Baltet
frères dans l'Aube et des succès constants de M. de
Tarrieux en Auvergne, le célèbre docteur se déclare
converti à l'incision et conclut ainsi : « Je reconnais
donc et je proclame aujourd'hui l'importance de
l'incision annulaire. J'invite tous les viticulteurs,
surtout ceux qui emploient les branches à fruit, à
l'essayer.

« L'incision annulaire est une conquête assurée,
définitive, et la plus importante peut-être de toutes
pour la fécondité de la vigne... Absence de coulure,
beauté de la grappe et des grains, maturité plus
hâtive et plus complète de dix à quinze jours... »

Enfin, dans ses *Conclusions théoriques et pra-*

tiques (p. 642) : « L'incision annulaire, pratiquée un peu avant la floraison, est un moyen très efficace de conjurer à peu près toutes les causes de la coulure. Elle augmente le volume des grappes et en avance la maturité. C'est un moyen éprouvé et qui prendra un rang distingué dans la viticulture progressive. »

La parole est maintenant aux adeptes de cette viticulture à la fois éclairée et progressive, dont le Dr Guyot fut l'un des membres les plus convaincus et les plus militants. Ou mieux : *Res, non verba!* Aux intelligents précurseurs de tout progrès, même renouveau comme dans le cas présent, de justifier aujourd'hui la prédiction d'une voix aussi autorisée, en appliquant judicieusement l'incision annulaire de la vigne, suprême salut souvent de la récolte et toujours sa meilleure sauvegarde contre la couleur et le refroidissement des saisons !

§ 2. — *Presse agricole contemporaine.*

La Presse agricole contemporaine n'est pas moins favorable à l'incision annulaire de la vigne que les auteurs anciens et modernes qui l'ont expérimentée. Ses principaux organes ont apprécié avec éloges ses bons effets et recommandé sa pratique dans leurs colonnes. Si parfois quelques-uns de leurs rédacteurs ou de leurs correspondants se sont laissé influencer par les attaques exagérées de la théorie ou par quel-

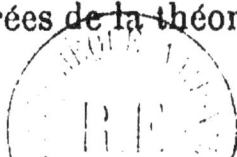

ques résultats négatifs, voire même mauvais, provoqués par une application défectueuse, ils n'ont pas tardé à revenir avec plus de conviction à une appréciation favorable de l'incision. Beaucoup de journaux officiels ou privés, de nombreuses revues académiques et autres, des publications de toutes sortes · ont souvent donné, pendant ces dernières années, des relations intéressantes sur ses bons effets et reproduit dans leurs colonnes les constatations officielles des heureux résultats de sa judicieuse application sur les treilles et dans les vignobles de France et de l'étranger.

Nous avons déjà vu le *Journal d'agriculture pratique* publier sur l'incision annulaire de la vigne des articles fort élogieux dus à la plume autorisée du célèbre Dr Guyot, notamment dans son numéro du 5 juin 1865.

Le *Sud-Est* a donné, en 1871 (p. 183), un excellent travail de Duclaux, de Mettray, sur la coulure, mettant en relief l'opinion de MM. Laujoulet, le comte Odart, Housset, de Sinety, Trouillet, le Dr Guyot, Pellicot, le Dr Chapelle, Prudhomme, Fleury-Lacoste, Ramat et Blancq de l'Alésie.

Le journal *Le Bélier*, le principal organe agricole de la région du Nord, a publié dans ses numéros des 14, 21, 28 novembre 1886, sous la signature du chanoine Lefèvre, une étude très savante de l'incision annulaire. L'éminent et regretté arboriculteur de Nancy, dont les ouvrages, récompensés de plusieurs

médailles d'or, sont inscrits au catalogue des Biblio-
thèques populaires, ajoute dans ces pages un nouveau brevet d'innocuité et de grande utilité à celui
d'infaillibilité contre la coulure qu'il avait déjà
décerné à l'incision annulaire dans son *Traité d'ar-
boriculture* (p. 37 de la 6° édition). En effet, ses
articles se terminent par cette conclusion : « En
résumé, c'est un fait que l'incision annulaire empêche
la coulure du fruit, qu'elle en favorise le développement et en avance la maturité. Je dis donc qu'il y
a avantage à la faire, et que ce serait rendre service
que d'en faciliter la pratique. »

Les journaux étrangers ceux surtout des pays
nouvellement ouverts à la viticulture, comme la
République Argentine, se sont occupés avec un
grand intérêt de cette question si intéressante de
l'incision. Parmi eux, on peut citer la *Revue Sud-
Américaine*, qui a publié l'année dernière une
longue étude de l'auteur de ces quelques pages, sur
la coulure du raisin et l'incision annulaire de la
vigne.

Une longue et sèche nomenclature des nombreux
organes de la presse qui ont ouvert leurs colonnes
à l'examen de cette question, de même que de mono-
tones citations des éloges qu'ils ont adressés à l'incision annulaire de la vigne, deviendraient fasti-
dieuses même pour les plus vaillants. Il suffira
certainement à l'édification de chacun de joindre à
l'opinion des journaux précédents celle des princi-

paux organes de la presse agricole, les plus autorisés, ce semble, en cette matière : le *Moniteur Vinicole*, le *Parfait Vigneron*, le *Journal d'agriculture pratique*, la *Revue Horticole* et la *Vigne américaine*.

Le *Moniteur Vinicole*, sous la plume des plus compétentes de M. Jules Desclozeaux, a consacré, en 1885 notamment, plusieurs articles fort complets à l'étude de la coulure du raisin et de son meilleur remède, l'incision annulaire. Dans un premier article du 29 mai, M. Desclozeaux constate et explique les heureux effets de l'incision, cite les succès obtenus avec sa pratique, par des viticulteurs bordelais notamment, et repousse spécialement le reproche que lui a fait le comte Odart d'altérer la qualité du vin, alors qu'il est bien prouvé aujourd'hui par l'expérience qu'elle augmente au contraire sa force alcoolique.

Il est vrai que, dans ce premier article, écrit encore sous l'influence de quelques critiques théoriques, M. Desclozeaux ajoutait cette restriction à l'énumération des heureux effets de l'incision : « Nous croyons que l'incision peut être parfois dangereuse sous le ciel méridional. Mais le plus grand défaut de cette pratique est encore la difficulté de son application sur des vignobles étendus. » Aujourd'hui cette difficulté est levée avec les nouveaux instruments, et surtout avec mon nouvel inciseur annulaire qui permet à une femme ou un jeune garçon d'inciser un hectare en trois jours. Du reste, après renseignements, M. Desclozeaux abandonne non seulement ses griefs, mais dans un article suivant consacré entièrement à l'incision il réfute par des citations et par le raisonnement des objections de ses détracteurs et démontre ainsi l'inanité de ses prétendus dangers, notamment au point de vue physiologique. Quant à la difficulté de sa pratique dans les vignobles il cite lui-même « un viti-« culteur de Preignac qui aurait inventé une pince « exécutant parfaitement l'incision et permettant à « une ouvrière d'opérer 450 pieds de vigne par « jour ».

De son côté, le *Parfait Vigneron* recommande chaque année l'incision annulaire parmi les travaux du mois de juin et il le fait en fort bons termes qui méritent d'être reproduits : « Il est à craindre dans ce mois que, sous l'influence de la chaleur et des pluies, la végétation trop active se porte, au détriment du fruit, sur les parties herbacées, et que, sous cette influence, la fleur ne vienne à couler, Il faut, si ce danger devient menaçant, le conjurer par le pincement et par l'incision annulaire, qu'on pratique soit sur le serment fructifère, soit sur le jeune bourgeon qui porte les grappes (p. 1889, p. 35).

Le *Journal d'agriculture pratique* a souvent ouvert ses colonnes à l'examen de cette question si intéressante de l'incision annulaire et à la relation des succès de son application dans les vignobles. Un de ses numéros les plus complets, à la fois sur ces deux sujets, est celui du 22 août 1886. Les heureux résultats de la pratique de l'incision dans les vignobles de nombreux propriétaires du Bordelais sont d'abord amplement relatés, avec preuves à l'appui, sous la signature autorisée de M. Cazeau-Cazalet, secrétaire du Comice de Cadillac (Gironde). M. Lesne y donne ensuite la description et la figure des instruments les mieux disposés pour l'exécution de l'incision et indique la manière de s'en servir. Nous ne suivrons pas l'intéressant rapporteur dans la relation détaillée des nombreux succès obtenus par l'application de l'incision annulaire dans les vignobles de Sainte-Croix-du-Mont, Preignac, Illats, Cadillac, Loupiac, etc. Nous nous bornerons à citer les conclusions principales de son rapport, présenté au Comice de Cadillac au nom de la commission char-gée par lui de rechercher les résultats de l'incision annulaire pratiquée dans les vignobles du Bordelais. Ces conclusions sont tout à la louange de l'incision, comme on peut en juger par l'extrait suivant :

« L'enquête a offert beaucoup d'intérêt et, disons-le immédiatement, a été concluante... Les résultats de l'incision annulaire sur les hastes sont indiscutables... La coulure est diminuée sur la partie au delà de l'incision... Le fruit est mieux nourri et sa maturité est avancée. »

La *Revue Horticole* est encore plus explicite dans ses éloges, ainsi que dans la recommandation qu'elle fait de l'incision annulaire. Dans son numéro de février 1886, M. J. Batisse lui consacre un long article dans lequel il préconise ses nombreux avantages et démontre avec preuves à l'appui qu' « au contraire de la pratique du pincement court qui n'est pas rationnel, mais préjudiciable à la fois au bois et aux fruits », celle de l'incision leur est avantageuse, « arrête ou atténue beaucoup la coulure..., avance la maturité de 10 à 15 jours..., n'est pas préjudiciable au bois à venir..., enfin ne possède aucun des prétendus inconvénients qu'on lui prête au sujet de la taille, de l'épuisement du cep, etc. » De même, dans son numéro du 1er juin 1887, M. E.-A. Carrière écrit sous la rubrique Incisions et Entailles : « C'est tout particulièrement sur la vigne que l'on pratique l'incision annulaire. Cette opération n'empêche pas seulement la coulure, elle avance la maturité de 8 à 15 jours. Tous ces avantages, aujourd'hui bien reconnus, nous font espérer que la pratique de l'incision annulaire va se généraliser et passer à la grande culture. »

Enfin la *Vigne Américaine*, cette publication viticole d'un si haut intérêt que l'autorité de son éminent directeur[1] place à la tête des vulgarisateurs de tout progrès pratique, a donné à l'incision annulaire de la vigne mieux que des éloges. En effet, cette excellente revue d'enseignement mutuel, toujours à l'avant-garde des propagateurs des meil-

1. M. V. Pulliat, professeur à l'Institut National Agronomique, membre de la Société nationale d'agriculture.

leures méthodes dès que l'expérience a donné la preuve des avantages annoncés par la théorie, a entrepris cette année la vulgarisation de cette petite, mais si avantageuse opération. L'opportunité de cette campagne n'était malheureusement que trop démontrée par les maux de toutes sortes et surtout par les fléaux climatériques qui depuis quelque temps déjà assaillent de toutes parts la pauvre V. Vinifera, un peu anémiée aujourd'hui par son bouturage séculaire. Aussi la preuve à la fois de cette opportunité et des besoins pressants auxquels répond l'incision annulaire a-t-elle été donnée aussitôt par l'immense intérêt soulevé autour de cette question dans tous les centres viticoles. Les principaux organes de la presse agricole, et même, en dehors des journaux spéciaux, beaucoup de feuilles politiques, scientifiques et autres, ont reproduit et reproduisent encore maintenant les articles de la *Vigne Américaine* sur l'incision annulaire de la vigne. Parmi les publications agricoles dont nous avons connaissance se trouvent à la fois : la *Vigne française*, le *Journal d'Agriculture pratique*, le *Midi vinicole*, l'*Echo universel de Marseille*, le *Lyon vinicole*, etc. Quant aux demandes de renseignements et même d'instruments, elles ont afflué de toutes parts en telle quantité que, pour répondre à ce grand mouvement d'intérêt et de sympathie, la *Vigne Américaine* a cru ne pouvoir mieux faire que de donner à la plus grande partie de ce petit travail la publicité de ses colonnes. Assurée d'un tel appui, la vulgarisation de l'incision annulaire et sa mise en pratique dans les vignobles ne sont plus maintenant, avec un auxiliaire aussi puissant, qu'une question de temps et de circonstances.

On peut donc dire en résumé que l'opinion générale, presque unanime, de la presse agricole et viticole est, comme celle des auteurs anciens et modernes, des plus favorables à l'incision annulaire, et que, si parfois elle a enregistré quelques attaques passionnées, la grande majorité de ses colonnes est consacrée, par les plumes les plus autorisées, à la constatation de ses bons résultats, à sa défense et à sa vulgarisation.

CHAPITRE III

THÉORIE DE L'INCISION ANNULAIRE

La théorie de l'incision annulaire a pour base la distinction entre la sève brute et la sève élaborée. Pour se rendre compte des effets de l'incision, il faut examiner la source, la composition, ainsi que les mouvements divers de ces deux sèves et se rendre compte de leurs rôles différents dans la nutrition des végétaux.

Toute plante se compose d'une tige aérienne, d'une racine souterraine et d'un collet qui leur sert de transition. Les organes de sa nutrition sont les cellules de l'extrémité des racines et les feuilles de la tige. Les radicelles puisent dans le sol l'eau chargée des matières minérales et carbonées qui lui sont propres. Ce liquide appelé *sève ascendante*, qui n'est alors qu'une dissolution d'acide carbonique, d'humate ammonique et de sels minéraux, pénètre par endosmose daus les cellules superficielles de l'extrémité des racines. L'endosmose, augmentant sa densité, le répand de cellule en cellule dans les tubes capillaires, longs canaux extrêmement fins que forment le tissu vasculaire et le tissu fibreux, et le fait monter, ainsi que l'attraction capillaire et la pression atmosphérique, jusqu'au sommet des feuilles. Arrivée là, cette sève ascendante des racines change de nature. Sous l'influence du soleil et de l'air, la plus grande partie de son eau s'évapore. Le reste s'épaissit et se transforme en sève descendante sous l'action des stomates, petites ouvertures de la face inférieure des feuilles, qui puisent dans l'air et unissent aux matières carbonées les principes qu'il contient.

Le sol a pu fournir par la sève ascendante de l'oxygène, de l'hydrogène, de l'azote sous forme d'eau et d'ammoniaque, du carbone sous forme d'acide carbonique ou de carbonates en dissolution, ainsi que des substances minérales solubles telles que du soufre, des alcalis et des sels minéraux. L'atmosphère leur a plus ou moins ajouté, par la respiration des feuilles, de l'oxygène, de l'hydrogène, du carbone et de l'azote, sous les formes d'oxygène libre, d'eau, d'acide carbonique et d'azote libre. Ainsi élaborée, la *sève descendante* est le véritable fluide nourricier de la plante, l'homologue du sang artériel des animaux, sans toutefois circuler dans le végétal comme le sang dans l'animal ainsi qu'on le croyait autrefois.

Chargée de ces nombreux éléments de nutrition, la sève descendante revient peu à peu, plus ou moins lentement suivant les circonstances, des feuilles vers le sol, auquel elle finit par restituer quelques principes minéraux, après avoir abandonné, en son parcours, la plupart de ses matériaux sur tous les points susceptibles de les précipiter à l'état soluble. Ses mouvements, pas plus que les moments de sa diffusion, ne sont les mêmes que ceux de la sève ascendante. Celle-ci monte pendant le jour dans la tige, par le corps ligneux tout entier dans les branches encore jeunes, par l'aubier surtout dans les branches plus âgées. La sève descendante revient pendant la nuit, par le tissu cellulaire tout entier, mais surtout par l'écorce où elle suit plus spécialement une double voie, les fibres corticales et les vaisseaux laticifères. Dans ces derniers vaisseaux, elle se transforme en latex, aux dépens duquel, en la faveur de la cyclose[1], s'organise le cambium entre le liber et le corps ligneux.

Ce serait toutefois se faire une idée fausse de ces deux mouvements principaux de la sève, l'un d'ascension d'abord, l'autre ensuite de retour, que de se les représenter sous la figure de petits filets d'eau, en quelque sorte sous la forme de deux ou plusieurs ruisselets suivant un cours contraire, mais fixe et régulier. L'on ne doit y voir que la tendance générale des deux sèves : l'une à s'élever vers les parties hautes de la plante pour y être élaborée, tout en dissolvant pendant son ascension les matières élaborées dans les cellules qu'elle traverse ; l'autre, plus riche et par conséquent plus dense, à descendre, des feuilles où elle a été élaborée, vers les parties basses et à rendre finalement aux racines et au sol sa partie inutile ainsi que ceux de ses principes non utilisés, après avoir abandonné sur son parcours les éléments qui leur conviennent aux parties capables de les attirer et de les fixer.

Les effets de la sève descendante sont nombreux et des plus importants. C'est elle qui, déposant dans ses mouvements de retour ses acquisitions plastiques, donne aux plantes leur accroissement, procure aux bourgeons leur nourriture et amène la fructification. Au printemps, par son retour aux

---

1. Mouvement circulatoire, dont la direction est de haut en bas.

racines, elle détermine la formation de nouvelles radicelles; pendant le cours de la végétation, elle renouvelle et allonge les racines. C'est elle enfin qui, se répandant dans les rayons médullaires et les vaisseaux du canal médullaire, forme et nourrit l'œil de la branche, espoir à la fois du bois et du fruit de l'année suivante. En résumé, tout lui est dû : les radicelles, les bourgeons, l'accroissement, lafructification, c'est-à-dire la vie de la plante[1].

Il est dès lors facile de comprendre comment tout ce qui sera susceptible d'attirer vers un point spécial de la plante quelques-uns des éléments de ce précieux liquide, ainsi que de ralentir ses mouvements de retour vers le sol, profitera aux bourgeons situés au dessus de ce point d'attraction, au dessus de cet arrêt modérateur de la descente de la sève, et par conséquent aussi aux fruits qu'ils porteront. A plus

---

1. « Il est facile de se convaincre que les proprétés de la *sève descendante* peuvent être complètement différentes de celles de la *sève ascendante*; il suffit pour cela de briser certaines tiges, celle de la grande éclaire, par exemple, pour voir s'échapper du *système cortical* un suc rougeâtre et épais, tandis qu'*au centre* la sève ascendante est limpide et claire.

« Chez certains végétaux, tandis que la *sève ascendante* est incolore et d'une innocuité parfaite, la *sève descendante* peut être chargée de principes vénéneux et d'une couleur plus ou moins intense.

« Pour vérifier le sens dans lequel se fait la circulation de la sève, on peut enlever une bande circulaire d'écorce à un arbre; on verra la *sève descendante ou élaborée* suinter par les *lèvres supérieures de l'incision*. » A. Milne Edwards, *Histoire naturelle*.

forte raison, l'enlèvement complet d'un anneau
d'écorce, qui à la fois supprime entièrement à la
sève élaborée son passage le plus général, — fait un
appel vigoureux à ses éléments comme toute blessure
et toute déchirure, — arrête le cambium tout en laissant ouvert à la sève descendante son passage habituel, sera-t-il pour ces bourgeons supérieurs une
cause de pléthore et par conséquent de fertilité.

L'enlèvement de cet anneau d'écorce, déchirure
rationnelle d'un effet si puissant, c'est l'incision
annulaire.

Aussitôt pratiquée, on voit en effet les tissus
s'épaissir peu à peu au bord supérieur de l'incision,
et former un bourrelet plus ou moins épais. Ce
bourrelet, composé de faisceaux fibro-vasculaires
entrecroisés et contournés en tous sens, mais se continuant toujours avec ceux qui vont aboutir supé-
rieurement aux bourgeons, augmente la grosseur de
la branche, sur toute sa longueur, *au dessus de l'incision*, et laisse au contraire d'un diamètre inférieur, mais cependant de la grosseur qu'elle aurait
eue sans elle, la partie de la branche située au dessous de l'incision. Dès lors peuvent survenir les
pluies froides et les brouillards de nos printemps,
l'absence de soleil et de chaleur qui amènent la
coulure des pauvres fleurs souffreteuses et le mille-
randage des grappes, ces brusques alternatives de
chaleur et de froid, de soleil et de manque de lumière, si funestes à la fructification. La branche à

fruit possèdera pendant ces périodes critiques d'abondantes provisions où tous ses bourgeons pourront
puiser largement pour leur développement normal,
pour nouer leurs fleurs et nourrir le jeune fruit,
sans attendre leur nourriture des caprices du soleil
et sans craindre que le refroidissement de l'atmosphère vienne la leur enlever. Le jeune fruit, bien
constitué dès sa naissance, poursuivra malgré les
intempéries son développement régulier et pourra,
au besoin, sans souffrir, attendre des temps meilleurs.

Avec l'incision annulaire, la pléthore remplace
la disette si funeste et si fréquente, surtout au printemps, pendant l'époque critique de la floraison ;
les apparues vigoureuses pointent vers le ciel ; les
fleurs nouent facilement leurs fruits et promettent
de suite de belles grappes ; les grains mieux développés deviennent plus juteux, plus colorés et plus
gros ; les raisins, bien nourris depuis leur naissance
et ignorants de la misère, compagne habituelle des
jours mauvais, mieux conformés, plus sucrés et plus
beaux, arrivent aussi plus rapidement à une féconde
maturité, récompense si rare aujourd'hui des nombreux travaux du vigneron !

L'incision annulaire n'est, du reste, qu'une application plus énergique et par conséquent plus effec-
tive du principe même qui depuis si longtemps a .
déterminé les vignerons, au lieu de laisser les
branches à fruit s'allonger plus ou moins verticalement vers le ciel, à les abaisser, au contraire, hori-

zontalement, à les contourner, à les courber, à les arquer, à les ployer en corgilles, pour retarder la sève descendante dans son retour aux racines, comme aussi la sève ascendante dans sa montée vers les feuilles, et permettre ainsi aux bourgeons intermédiaires de la branche à fruit d'en absorber davantage, d'attirer et de fixer plus complètement ses principes au profit de la fructification. Par ces procédés divers, comme par l'incision annulaire, mais bien moins énergiquement, ils transforment la vigueur de la végétation en fertilité en modérant, par cette pratique rationnelle de l'abaissement, la production du bois et des feuilles au profit d'une meilleure nutrition et d'une plus abondante fructification des bourgeons de la branche à fruit.

Les fleurs ne sont en somme que des branches avortées, et cet avortement est causé par une accumulation de sève et de sécrétions. Il est dès lors facile de comprendre comment et pourquoi tout ce qui a pour effet de retarder le cours des deux sèves et surtout les mouvements de retour aux racines de la sève élaborée, ainsi que de provoquer la fixation et l'accumulation de ses éléments sur un point spécial, favorise en cet endroit la formation des bourgeons florifères ainsi que leur bonne nutrition, par conséquent la fertilité, tandis que tout ce qui tend à provoquer et à produire une activité considérable dans la végétation et à favoriser le cours rapide et facile des deux sèves, empêchera sa complète élaboration, par conséquent sa richesse, facilitera sa diffusion et entraînera la stérilité avec la vigueur de la végétation.

En résumé, les avantages de l'incision annulaire sont nombreux et aussi avantageux que faciles à obtenir. Ses heureux résultats sont rationnels, certains et sans aucun inconvénient, quand elle est judicieusement pratiquée. Elle n'est en somme qu'une application logique et plus complète d'un principe généralement admis et mis journellement en pratique par tous les vignerons depuis un temps immémorial, principe consacré à la fois par la science et l'expérience. Les essais tentés dans leurs vignes par quelques viticulteurs intelligents ont été tellement heureux qu'ils n'ont plus discontinué son application. Les reproches que l'on a pu lui faire viennent soit d'une interprétation erronée ou excessive de la théorie, soit d'une application défectueuse qu'il est très facile d'éviter avec quelques connaissances, même les plus superficielles.

Rien ne saurait donc être plus favorable que de telles considérations, et en même temps plus décisif, pour faire admettre l'incision annulaire, aussi bien par les vignerons que par les viticulteurs, dans la pratique générale des vignobles.

CHAPITRE IV

APPLICATION DE L'INCISION ANNULAIRE

§ 1. — *Principes de son application.*

On conçoit facilement qu'une opération aussi importante que l'enlèvement complet d'un anneau d'écorce, et aussi délicate en raison de son influence considérable sur le cours des deux sèves, ne puisse se faire au hasard et pour ainsi dire à tort et à travers. En effet, cette action, irrationnelle au premier abord et cependant des plus logiques après réflexion, d'enlever à une branche une bague d'écorce pour augmenter la fertilité des bourgeons situés sur cette branche *au dessus de l'anneau enlevé*, pour favoriser la fructification des rameaux *supérieurs à l'incision*, pourrait amener dans certains cas une telle perturbation dans l'économie de la plante qu'elle ne doit être faite qu'avec prudence et avec réserve pour ne pas nuire à son développement ultérieur. De même que les opérations chirurgicales ne doivent être faites qu'avec prudence malgré leurs avantages, comme les remèdes les plus actifs sont précisément ceux qui demandent à être appliqués avec le plus de discernement, de même aussi l'incision annulaire, qui pour la plante est à la fois un remède et une opération chirurgicale, doit être pratiquée dans les mêmes conditions de réserve et d'opportunité. Les meilleurs instruments sont ceux qui coupent le mieux les doigts des imprudents ; il ne faut donc les manier qu'avec adresse et avec prudence.

L'incision annulaire judicieusement pratiquée, c'est-à-dire *opérée au moment de la floraison, exclusivement sur la branche à fruit* ou sur la moitié des branches mixtes, et *seulement au dessus des premiers yeux de leur base*, n'est plus alors qu'un accaparement partiel et momentané de la sève de cette branche au profit d'un certain nombre de ses bourgeons, et cet accaparement anodin reste dans ces conditions sans aucun inconvénient pour la vigueur comme pour la prospérité de la plante.

C'est l'endroit occupé par l'incision qui détermine par sa position sur le cep, ainsi que par la hauteur à laquelle elle est faite sur la branche, le nombre des bourgeons qui profiteront de ses bons effets. C'est à la fois la largeur, le nombre et l'époque de ces incisions, en même temps que leur position sur le cep, qui rendent cette opération utile ou nuisible dans le présent et dans l'avenir pour la vigne comme pour son propriétaire.

Quoi de plus naturel dès lors que l'incision annulaire ait compté quelques violents détracteurs au milieu du grand nombre de ses partisans fidèles, malheureusement beaucoup plus discrets que ses

adversaires, depuis l'époque où les succès étonnants
de Lambry l'eurent mise en honneur un instant
parmi les viticulteurs! Si des reproches lui ont
été vertement faits parfois par des opérateurs qui
auraient dû plus justement se les adresser à eux-
mêmes, en revanche elle peut se vanter à bon droit
de la fidélité des viticulteurs qui l'ont appliquée sur
les treilles de leurs jardins ou dans leurs vignes en
plein champ. Elle est à même d'opposer à ses rares
détracteurs théoriques les louanges de nombreux
rapports officiels constatant à différentes époques ses
heureux résultats. Elle peut surtout rappeler avec
orgueil le jour, à jamais mémorable dans les annales
de cette petite invention, où ses succès éclatants
amenèrent le comte de Montalivet, ministre de l'intérieur, à célébrer à la tribune dans son discours à
la rentrée des Chambres en 1811, « l'abondance que
l'heureuse découverte de l'incision annulaire allait
répandre sur notre pays. »

Malheureusement, ce fut bien vite le cas de dire :
adieu le ministre, adieu le système! L'incision,
mise ainsi en honneur pendant quelque temps,
retomba bientôt dans l'oubli avec la disparition des
causes qui l'en avaient tirée un instant. Ses heureux
résultats, ainsi solennellement escomptés du haut de
la tribune française, furent empêchés par les circonstances, mais surtout par ces ennemis naturels de
l'application et de la diffusion de toute nouveauté
agricole : la grande diversité des conditions de son

application, le manque d'indications et d'instruments
spéciaux pour son exécution, les variations annuelles
des phénomènes météorologiques, etc., et par dessus
tout, l'ignorance et l'inertie doublées de la routine.
Encore aujourd'hui, dans nos campagnes, il faut que
le mal soit bien grand pour que l'on se décide à
appeler le médecin ; bienheureux le malade quand ce
n'est pas l'empirique qui vient l'expédier. En tout
cas, la santé revenue, le remède un instant célèbre
est bien vite oublié. Les circonstances politiques,
économiques et climatériques qui avaient mis l'incision annulaire en lumière ayant changé, quelques
bonnes récoltes succédant aux années de coulure qui
avaient attiré forcément l'attention des vignerons sur
les succès prodigieux de Lambry, sa pratique fut vite
oubliée dans les campagnes, et quand la série des
heureuses vendanges fut épuisée, quand le mal de
la coulure revint avec des printemps froids et plu-
vieux, hélas ! trop fréquents sous nos climats, son
souvenir était déjà sorti de la mémoire des vignerons
et celui de ses bons effets n'était plus guère gardé
que dans des archives par la poussière des biblio-
thèques.

Ce n'est point une raison suffisante d'y laisser
dormir encore aujourd'hui l'incision annulaire, pas
plus que sa vieillesse, ni surtout la délicatesse de
cette opération, ne sont des reproches assez sérieux
pour lui fermer l'entrée des vignobles.

Il ne faudrait pas croire en effet que sa mise en

pratique, à la fois avantageuse et sans inconvénient, offre quelque difficulté, quand on connaît son mode d'action ou lorsqu'on l'applique d'après les conseils des personnes qui l'ont étudié. Rien n'est au contraire plus facile que son application judicieuse aux treilles et aux espaliers de nos jardins, comme aux vignobles les plus divers et les plus étendus, suivant la méthode rationnelle qui lui fait produire sans aucun inconvénient tous ses bons résultats, méthode que ces quelques pages ont pour but de vulgariser.

Les principes de cette méthode rationnelle, d'une application facile et rapide dans les vignobles les plus étendus, à la fois avantageuse et sans danger, peuvent se résumer en quelques lignes. Ils résident entièrement dans une équitable répartition de la sève élaborée, et par conséquent du précieux cambium, entre les branches à fruit qui donnent la récolte de l'année et les branches à bois qui préparent celle de l'année suivante. Ils consistent simplement dans le maintien d'une juste proportion entre la partie de la sève accaparée pour le profit particulier du raisin et la partie beaucoup plus grande généralement qui, par son libre retour aux racines, assure leur développement et maintient l'intégrité du système radiculaire. Par la seule observation de ces principes, la fertilité est assurée par l'incision dans la branche à fruit; la vigueur est maintenue dans le reste de la plante; l'équilibre règne entre le système radiculaire et le système aérien, et le cep se trouve ainsi placé dans les meilleures conditions de production et de durée. Cette avantageuse répartition, qui fait produire à l'incision tous ses bons effets en lui enlevant toute influence fâcheuse, est facilement obtenue à l'aide de notre méthode qui laisse la sève des branches à bois, ainsi que celle de la première moitié environ des branches à fruit ou des branches mixtes, faire librement retour aux racines, et n'accapare au profit spécial de la récolte de l'année que la sève momentanée des sommités de quelques branches à fruit.

Ainsi tomberont d'elles-mêmes et d'un seul coup toutes les objections que l'on a pu faire avec quelque apparence de raison contre l'application suivie de l'incision annulaire à la vigne. On l'accusait, en effet, d'un côté, « *d'empêcher tout retour de la sève aux racines, par conséquent l'émission de nouvelles racines, et de ruiner le système radiculaire.* » De l'autre, on prétendait « *que la partie supérieure du végétal incisé devenait plus lourde et plus dense par l'effet de l'incision que la partie inférieure du même végétal, ce qui ruinerait l'organisme supérieur* ». Avec notre méthode, le cours de la sève brute, pas plus que celui de la sève élaborée, n'est jamais suspendu, la formation nouvelle du système radiculaire n'est donc pas empêchée ; dès lors pas d'affaiblissement dans l'organisme inférieur. En faisant, en plus, simplement remarquer que les quelques bourgeons supérieurs à l'incision tombent avec l'incision elle-même à la taille du printemps pour faire place à de nouvelles branches qui n'ont point été incisées, on reconnaîtra facilement que cette dernière objection tombe par suite de l'abattage annuel de la petite partie des bourgeons incisés, et que, pas plus que l'organisme inférieur, l'organisme supérieur n'est altéré par l'incision.

Il faut bien admettre dès lors que, judicieusement appliquée, l'incision annulaire laisse régner, dans la plante, le fameux équilibre, grand cheval de bataille de ses adversaires, entre la partie souterraine et la partie aérienne, comme l'unité dans l'ensemble aérien, et, malgré tous ses nombreux avantages, est d'une parfaite innocuité pour le système radiculaire comme pour le système foliacé de la vigne.

§ 2. — *Pratique de l'incision annulaire de la vigne.*

L'incision annulaire peut se pratiquer avec tous les systèmes de taille et de plantation de la vigne et produire, dans tous, ses nombreux avantages sans nécessiter aucun changement. Elle s'accommode également des tailles à long bois et des tailles à coursons même les plus courts, comme aussi de celles qui admettent simultanément sur le cep l'emploi des longs bois avec leurs coursons de remplacement.

Son application est toutefois d'une exécution plus rapide avec la taille longue parce qu'un plus grand nombre de bourgeons sont favorisés par une seule incision. Ses heureux résultats paraissent aussi plus marqués sur les ceps taillés à longs bois et sont réellement merveilleux avec les formes à grand développement, en raison sans doute de la plus grande quantité relative de rameaux que leur expansion et la vigueur qui en résulte permettent de soumettre chaque année à son action.

La pratique rapide et sûre de l'incision annulaire sera rendue des plus faciles pour tout le monde, en toutes circonstances, à l'aide de quelques bases que nous allons poser pour sa bonne application à la vigne. Ces bases ont pour but de déterminer les meilleures conditions de son exécution, c'est-à-dire *le nombre des incisions et leur position sur chaque cep* suivant sa forme et sa taille, *la largeur de l'incision* et enfin *son époque.* Il est certainement inutile de faire remarquer que ces bases ne sont point des règles absolues, mais qu'elles doivent être regardées seulement comme les meilleures conditions moyennes de l'application de l'incision et interprétées par chacun au mieux de ses intérêts ou de ses désirs dans les circonstances spéciales où il l'exécute.

Les bases de la bonne exécution de l'incision annulaire pourraient, au besoin, se résumer dans les quatre points de cette formule laconique : *Enlever un anneau d'écorce, — de quatre à six millimètres en moyenne, — entre le 4ᵉ et le 5ᵉ nœud de la base de la branche à fruit ou au dessous de l'œil supérieur de la moitié des coursons, — pendant la floraison.* Nous allons examiner en détail successivement chacun de ces quatre points qui comprennent toute la pratique de l'incision annulaire.

A. — Coupe et enlèvement de l'écorce.

Première base d'application : L'anneau d'écorce doit être enlevé sans aucunement attaquer le bois.

L'incision annulaire consiste en effet dans l'enlèvement complet, mais sans attaquer l'aubier, d'un anneau d'écorce plus ou moins large suivant la vigueur du sujet. Dans la vigne, l'aubier à l'état parenchymateux se confondant avec l'écorce, les fibres corticales étant assez dures à trancher, il faut avoir soin de ne pas faire l'entaille trop profonde, surtout quand on opère sur un rameau de l'année. Avec un couteau ou un canif, il est encore assez facile de s'arrêter aussitôt que le petit craquement qui accompagne la section des fibres corticales s'est fait sentir à la fois à l'oreille et dans les doigts. Il n'en est pas de même avec les instruments spéciaux en raison de la forme plutôt anguleuse que parfaitement ronde, de la conformation successivement concave et convexe plutôt que complètement cylindrique, qu'affecte généralement le tour des branches à inciser. Pour leur bon emploi, il sera toujours pré-

férable de donner un peu plus de largeur à l'incision
et surtout plus de longueur au bec de l'outil, afin de
ne pas entamer le bois sur les arêtes pour atteindre
l'écorce dans les dépressions. Cette légère augmentation dans la largeur, mais spécialement dans la
surface de coupe, jointe à une certaine convexité des
lames tranchantes, empêchera l'abandon de l'écorce
dans les parties creuses, tout en laissant au bois sa
force et au rameau incisé sa solidité.

Pour remédier à ce danger d'atteinte portée au
bois dans les parties proéminentes, danger assez difficile à éviter avec tous les instruments, — ces
outils étant forcément à mouvement circulaire autour
de la branche formant pivot, — j'ai d'abord fait
donner aux lames de mon inciseur annulaire un
écartement de six millimètres, ce qui assure une
largeur de six millimètres à l'incision qu'il opère;
cette largeur est celle qui paraît la plus avantageuse
dans la moyenne des circonstances. Ensuite, la surface de coupe des lames tranchantes étant de deux
centimètres et leur courbe appropriée à la courbure
décrite par le bois, on peut se servir très légèrement
de mon inciseur et opérer toute l'incision en un
simple demi-tour de main sans avoir à y revenir. De
cette façon, l'on n'est plus obligé de râcler fortement
et à plusieurs reprises sur les arêtes, au risque d'entamer plus ou moins le bois dans ses parties proéminentes, pour pouvoir atteindre l'écorce dans ses
dépressions. D'un autre côté, les lames destinées à

opérer la section de l'écorce ne pouvant, par suite de la conformation spéciale de l'instrument, pénétrer, dans la branche à inciser, au delà d'un demi-millimètre, épaisseur moyenne de l'écorce de la vigne, l'intégrité du bois est assurée et nulle atteinte ne peut être portée ni à sa nutrition intérieure, ni à sa solidité[1].

B. — Place de l'incision

Deuxième base d'application : L'incision annulaire s'opère toujours sur les branches à fruit ou les branches mixtes et jamais sur les branches à bois.

Cette deuxième base doit être regardée comme une règle absolue. La distinction entre les branches à fruit et les branches à bois est essentielle au point de vue de l'incision annulaire, qui ne s'opère jamais sur ces dernières.

Sur les branches à fruit et les branches mixtes, l'incision peut être faite à volonté, soit sur les rameaux de l'année, soit sur le bois de l'année précédente.

Comme conséquence, l'incision annulaire ne doit jamais être opérée sur le tronc lui-même, ni sur

---

1. Nous recommandons tout particulièrement aux viticulteurs désireux de faire l'essai de l'incision annulaire dans leurs vignobles l'excellent Inciseur Follenay, construit par M. Renaud, coutelier à Lyon, 14, rue Constantine.

aucun des bras du cep, mais seulement sur le bois de l'année courante et de l'année précédente.

Cette règle exclusive ne comporte qu'une seule exception, celle qui concerne les vignes encore vigoureuses que l'on voudrait épuiser par une abondante fructification avant de les arracher. Les effets de l'incision pratiquée sur le tronc lui-même ou sur les bras seront alors d'autant plus sensibles que l'opération sera plus complète et plus énergique, c'est-à-dire que l'incision sera plus large et plus répétée sur les bras, pratiquée sur le tronc lui-même et opérée plus tôt avant le retour du printemps. Ses résultats seront d'autant plus fructueux que le sujet possèdera plus de vigueur et se trouvera en meilleure situation de sol et d'exposition. Chaque année, la taille devra être restreinte à la vigueur conservée. Le cep ainsi incisé fleurit de très bonne heure au printemps qui suit l'incision, se couvre d'une grande quantité de fleurs, produit des fruits abondants et hâtifs, et il faut encore de nombreuses années pour l'épuiser.

Il serait toutefois préférable, si, au lieu d'un épuisement rapide, on recherchait la meilleure somme de produit, de ne donner à l'incision qu'une largeur permettant à la plaie de se recouvrir au mois d'août. Cette largeur dépend alors entièrement de la vigueur du sujet et peut être fixée autour de huit à dix millimètres. Cependant cette cicatrisation de la plaie n'est pas une nécessité, surtout sur les branches, et l'on pourrait citer de nombreux cas de résistance et fructification sans cicatrisation annuelle de l'incision. « Nous avons des exemples de vignes, de poiriers, de pommiers où la non cicatrisation n'a pas empêché la branche de vivre et de fructifier pendant plusieurs années, tout en perdant, il est vrai, sa rusticité primitive. » (Ch. Baltet, *La Coulure du Raisin*, p. 14, Grenoble, 1872.)

Buffon rapporte à ce sujet des faits très intéressants et très instructifs, en ce qui concerne les effets généraux de l'incision, dans l'article 1er de son 12e Mémoire, intitulé : Moyen facile d'augmenter la solidité, la force et la durée du bois (*Histoire naturelle*, tome I, p. 274, Paris, 1839) : « Le 18 décembre 1733, j'ai fait enlever des ceintures d'écorce de trois pouces de largeur, à trois pieds au dessus de terre, à plusieurs chênes de différents âges, en sorte que l'aubier paraissait à nu et entièrement découvert... Au printemps suivant, ces arbres poussèrent des feuilles comme les autres et ils leur ressemblèrent en tout... Au second printemps, elles reparurent un peu avant celles des autres arbres... Au troisième, mes arbres se parèrent encore de verdure..., mais tous ont péri à la 3e ou 4e année depuis l'enlèvement de leur écorce. J'ai essayé la force du bois de ces arbres, elle m'a paru plus grande que celle des bois abattus à l'ordinaire... J'ai fait les mêmes épreuves sur plusieurs espèces d'arbres fruitiers ; c'est un moyen sûr de hâter leur production ; ils fleurissent quelquefois trois semaines avant les autres et donnent des fruits hâtifs et assez bons la première année... J'ai même eu des fruits sur un poirier dont j'avais enlevé non seulement l'écorce, mais aussi tout l'aubier, et ces fruits prématurés étaient aussi bons que les autres. » Malheureusement Buffon, qui avait surtout pour but dans ses expériences de rechercher l'influence de l'incision annulaire sur le bois et en particulier sur sa force et sur sa densité, ne nous dit pas combien de temps ces arbres fruitiers résistèrent à ces traitements barbares. Il est à présumer qu'ils vécurent encore assez longtemps, puisque, « ayant fait aussi écorcer du haut en bas de gros pommiers et des pruniers vigoureux, cette opération fit mourir dès la première année les plus petits de ces arbres ; mais les gros ont résisté pendant deux ou trois ans. »

L'incision annulaire opérée sur le tronc lui-même doit donc être considérée, sinon comme un arrêt de mort immédiate, au moins comme une cause certaine et considérable d'affaiblissement entraînant dans un avenir plus ou moins rapproché la mort du végétal sur lequel on la pratique chaque année. En conséquence, suivant la règle posée par la seconde base d'application, l'on doit s'abstenir de l'opérer sur le tronc ou sur les branches principales toutes les fois que l'on désire en même temps assurer une bonne fructification et conserver la vitalité du sujet.

Il sera cependant intéressant de faire remarquer que la vigne, étant l'arbuste le plus foliacé, serait à même de mieux résister à l'application de ce système d'incision et de vivre dans ces conditions plus longtemps que tout autre végétal. On pourrait donc à la rigueur le pratiquer d'une manière plus ou moins complète et suivie, si les circonstances économiques dans lesquelles on se trouve placé faisaient préférer une rapide et abondante fructification à une production normale et assurée dans l'avenir. La vitalité que la vigne doit au travail de ses feuilles lui donne en effet une puissance d'assimilation et lui assure une force de résistance auxquelles ne peuvent prétendre les autres arbustes et en particulier les arbres de nos jardins. Aussi, sur ces derniers, l'incision annulaire ne doit-elle être faite qu'avec beaucoup de discernement et de circonspection. Cette différence entre la vigne et les arbres fruitiers n'avait pas échappé au célèbre promoteur de l'incision annulaire. Dans son rapport à la Société d'agriculture de la Seine sur les expériences de Lambry, M. Vilmorin père disait déjà, le 20 Messidor an VIII : « Si l'incision annulaire n'a pas d'incon- « vénients sur la vigne, elle en présente de graves « sur tous les arbres à fruit. Sur ces derniers, elle « doit être faite avec infiniment de précaution et « seulement au printemps lorsque la sève est abon- « dante. » La simple incision circulaire, qui opère la section des fibres corticales sans enlever l'écorce, paraît donc devoir être préférée pour les arbres à fruit dans la plupart des circonstances. Fort heureusement, il n'en est pas de même pour la vigne. Non seulement elle supporte fort bien et sans aucun dommage l'incision annulaire judicieusement appliquée, mais, comme nous venons de le voir, elle peut même résister longtemps aux pernicieux effets de sa pratique répétée sur le tronc, et donner en même temps une abondante fructification, malgré la perturbation apportée forcément dans le cours des deux sèves par une opération aussi grave.

La relation de l'une des plus curieuses expériences de Lambry, expérience concernant la mise à fruit d'un cep de vigne qui n'avait jamais rien pu produire et qu'il rendit aussitôt d'une fertilité considérable et soutenue en lui appliquant l'incision annulaire, peut donner une idée de la force de résistance de la vigne et fournir un exemple remarquable de sa vitalité ! « M. Lambry dit que l'on opère l'incision « sur le bois de l'année précédente ou sur la jeune « pousse de l'année ; ce sont là les deux manières « usuelles pour les vignobles. Mais on peut aussi « opérer avec succès sur le vieux bois. M. Baudin, « pépiniériste à Brunoy, a un très fort pied de « chasselas de Bar-sur-Aube qui coulait constam- « ment. *Depuis vingt ans* (après que Lambry l'eut « mis à fruit), il y pratique l'incision, qui lui a tou- « jours procuré une grande abondance de raisins. « Mais le travail d'opérer tous les jeunes bois étant « long, il a essayé sur de très gros bois et même sur « le tronc : cela a parfaitement réussi. Chaque

9

« année la plaie s'est recouverte et la treille est
« toujours très vigoureuse [1]. »

Malgré cette force spéciale de résistance, en dehors
des cas spéciaux et exceptionnels que nous avons
indiqués, l'incision annulaire ne doit être appliquée à
la vigne que dans les conditions indiquées par notre
seconde base. Le but de la règle posée par elle est
de conserver l'harmonie entre le système radiculaire
et le système foliacé, de maintenir l'intégrité des
racines et la vitalité du cep. Son observation est en
conséquence des plus importantes et pourrait déjà,
presque à elle seule, répondre victorieusement aux
objections des adversaires de l'incision. Jointe à celle
de la quatrième base qui a la même raison et le
même but, comme on le verra tout à l'heure, elle
réduit à néant toutes les objections que la théorie
poussée à l'extrême et la pratique défectueuse ont
essayé de formuler contre l'application de l'incision
annulaire.

Troisième base d'application. — *L'incision annu-*
laire doit être pratiquée au dessous *des yeux dont*
on veut favoriser les bourgeons.

L'incision annulaire a pour but immédiat d'acca-

1. Exposé d'un moyen mis en pratique pour empêcher la
vigne de couler et hâter la maturité du raisin, par M. Lambry,
pépiniériste à Mandres, canton de Boissy-St-Léger, département
de Seine-et-Oise. A Paris, de l'imprimerie et dans la librairie
de Mᵐᵉ Huzard (née Vallet La Chapelle), rue l'Eperon-St-André-
des Arts, n° 7. Mai 1817, p. 9.

parer une partie de la sève, élaborée par la branche
à fruit ou la branche mixte, au profit particulier
d'un ou plusieurs de leurs bourgeons chargés de
l'importante mission de procurer une bonne récolte,
but suprême de toute culture. Elle doit donc être
faites un peu *au dessous* de l'œil, ou un peu *au
dessous* du plus bas des bourgeons qu'elle doit favoriser. Malgré le premier étonnement que cet empla-
cement peut causer tout d'abord à celui qui, ne
réfléchissant pas aux cours des deux sèves, ne pense
qu'aux racines comme nourrices de la plante, cette
place est imposée par le but même que l'on se propose d'atteindre.

La théorie a déjà donné les raisons de cette position nécessaire au dessous des yeux qui doivent recevoir ses bons effets ; elle a amplement démontré
comment l'incision annulaire favorisait tous les
bourgeons placés *au dessus* d'elle, d'abord en faci-
litant la diffusion et la fixation du cambium spécialement vers le sommet de la plaie, au dessus du
bourrelet cicatriciel, ensuite en imposant à ses mouvements de retour un ralentissement autrement
sérieux que la cloison des mérithalles. L'enlèvement
d'un anneau d'écorce peut en effet être regardé
comme un obstacle complet opposé au passage de la
sève par l'écorce. Elle ne peut plus dès lors circuler
que par l'intérieur du bois, où elle rencontre sur
son passage les cloisons qui séparent chaque nœud,
cloisons que l'on peut comparer à de véritables bar-

rages poreux, à des espèces de petites écluses fil-
trantes ; placées dans la branche en forme de dia-
phragme. L'incision ayant supprimé tout passage
extérieur, la sève élaborée est forcée, pour revenir
vers le sol, de passer par l'intérieur de la branche.
Elle s'amasse alors nécessairement en plus ou moins
grande quantité au dessus des cloisons des mérithalles qui la retiennent un certain temps, la filtrent
en quelque sorte, en tout cas par cet arrêt plus ou
moins énergique permettent à l'œil placé à leur
niveau d'y puiser les principes dont il a besoin pour
son développement et de fixer à son profit les éléments du précieux liquide ainsi retardé dans son
retour aux racines.

Il est très important pour la pratique de l'incision
annulaire de se familiariser de suite avec son action
supérieure, avec ses effets se produisant au dessus
d'elle, au contraire des autres entailles et incisions
produisant en dessous leurs résultats. Les effets
opposés de ces diverses opérations ne peuvent s'expliquer que par l'existence simultanée et les mouvements successifs de deux sèves. L'une diurne,
grossière et plutôt aqueuse, tendant à s'élever jusqu'au sommet des plus hauts rameaux, en diluant
sur son passage les éléments qu'elle rencontre, procure la vigueur et l'allongement. L'autre, nocturne,
élaborée et plutôt épaisse, tendant à revenir jusque
dans le sol en abandonnant, dans ses mouvements
de retour aux racines, une grande partie des prin-

cipes dont elle a été enrichie par les feuilles, procure l'accroissement en largeur et la fertilité. La circulation de la sève, telle qu'on l'enseignait autrefois, a été, il est vrai, plus ou moins complètement contestée dans ces derniers temps ; réduite aux proportions que nous avons indiquées dans la théorie de l'incision annulaire, cette hypothèse est non seulement plausible, mais encore nécessaire pour expliquer les divers phénomènes de la vie des arbustes et des arbres de nos jardins. « Si l'idée généralement accréditée d'une circulation de la sève dans les végétaux, semblable à celle du sang chez les animaux, n'est pas strictement conforme à la vérité, on ne peut cependant pas nier que, dans beaucoup de cas, ces choses aient entre elles une certaine analogie, surtout dans les végétaux ligneux dicotylédonés[1]. »

Quoi qu'il en soit, un grand nombre d'opérations culturales sont basées sur cette hypothèse, la taille d'abord, c'est-à-dire la principale, ensuite tout particulièrement les entailles et les incisions. Comment, par exemple, expliquer autrement les effets différents des diverses entailles et incisions d'une part et de l'incision annulaire? Un simple rapprochement suffira pour montrer le but et les effets non seulement différents, mais contraires, et même diamétralement opposés, de ces deux sortes d'opérations.

1. E.-A. Carrière, *Revue Horticole*, 1ᵉʳ juin 1887.

Le but des entailles et incisions transversales, longitudinales ou obliques est de donner de la vigueur à certains yeux, d'augmenter celle des rameaux et même des branches que l'on trouve trop faibles pour la bonne direction de la charpente de l'arbre ou le rôle qu'on veut leur faire remplir. Elles se pratiquent, en conséquence, avant le départ de la végétation, *au dessus* des organes que l'on veut favoriser. On arrête ainsi et l'on accapare partiellement la sève brute, ascendante, qui donne la vigueur et l'allongement, et le résultat est *au dessous* de l'entaille la production et le développement de branches vigoureuses. La partie du végétal située *au dessus* est en conséquence affaiblie, pendant que la partie située *au dessous* est favorisée par l'opération.

Au contraire, le but de l'incision annulaire est d'augmenter la fructification et même de transformer la vigueur en fertilité. Aussi s'opère-t-elle, pendant la floraison, *au dessous* de l'œil ou des bourgeons qu'elle doit favoriser. On arrête ainsi et l'on accapare partiellement la sève élaborée, descendante, au profit de la bonne fructification des bourgeons situés *au dessus* de l'incision annulaire et au détriment de la vigueur et de l'allongement de cette partie de la branche. En conséquence, si quelque partie du végétal devait en souffrir, comme dans le cas d'une incision annulaire opérée sur la tige elle-même, ce serait la partie *inférieure* du végétal qui serait affaiblie et non la partie *supérieure*, comme dans le cas précédent.

En conséquence, la co-existence de deux liquides plus ou moins épais, jouissant de propriétés différentes et possédant des mouvements ou modes de diffusion contraires, est nécessaire pour expliquer certaines manifestations de la vie des arbustes, spécialement les phénomènes d'accroissement en largeur et de fructification d'une part, et de l'autre, ceux d'allongement et de vigueur.

Aux viticulteurs, comme à tous les arboriculteurs fruitiers, d'étudier avec soin ces diverses manifestations de la vie de l'arbuste et en particulier les causes physiologiques de ces phénomènes primordiaux d'accroissement et de fructification pour pouvoir appliquer ensuite au mieux de leurs intérêts ou de leurs désirs ces petites opérations que l'intelligence de l'homme a inventées pour seconder la nature dans son grand œuvre de la fructification, et produire, à sa volonté, la vigueur ou la fertilité!

Quatrième base d'application : Le nombre des feuilles accaparées par l'incision annulaire doit être maintenu en rapport proportionnel avec le nombre des feuilles laissées en libre communication avec les racines.

Cette quatrième base a pour but d'assurer la vitalité du cep, tout en permettant à l'incision de produire ses bons résultats. On peut, en effet, avec certitude, poser en principe que le nombre de feuilles dont le travail, si important puisqu'il transforme la sève brute en sève élaborée, est accaparé par l'incision en faveur du fruit, doit être proportionné à celui des feuilles dont la sève peut librement faire retour aux racines.

Pour établir cette proportion, l'on pourrait dire que le nombre des feuilles ne doit pas être plus considérable au dessus de l'incision que sur le reste du cep ; il y aurait alors nécessairement, ce semble, partage égal de la sève élaborée entre le fruit et les racines. Mais il est facile de comprendre qu'autant le principe de cette base d'application est certain et absolu, autant sa mise en pratique est difficile à règlementer et reste variable en raison de la diversité des circonstances. Aussi, bien loin d'être une règle absolue, cette proportion de moitié peut-elle seulement être donnée comme une moyenne générale destinée à assurer dans la généralité des circonstances la meilleure répartition de la sève élaborée entre les raisins et les racines, comme aussi entre les branches à bois et les branches à fruit.

Malgré la difficulté de formuler d'une manière à la fois précise et générale son application dans tous les cas, l'observation de la règle posée par cette base n'en est pas moins d'une nécessité absolue en raison de son importance capitale. En effet, cette observation rendra l'incision annulaire avantageuse pour la récolte en lui enlevant tout danger, toute influence délétère sur le système radiculaire comme sur le

système foliacé; elle lui permettra de produire dans
tous les cas, sans aucun inconvénient pour la durée
et la vitalité du cep, tous ses bons effets sur le fruit;
enfin la fidèle application de cette quatrième base,
jointe à celle de la première, répondra victorieusement aux attaques d'une théorie excessive et pré-
viendra les reproches d'une pratique défectueuse.
Observées fidèlement, ces deux bases réunies réfu-
teront toujours les objections qui pourront se produire et assureront en toutes circonstances l'heureuse application de l'incision annulaire aux treilles
de nos jardins comme aux vignobles en plein champ.
En conséquence de l'importance considérable de la
bonne application de cette base et de l'impossibilité
de formuler une règle générale et absolue pour son
application, il devient dès lors nécessaire de déterminer spécialement le nombre et la position des
incisions sur le cep suivant les différents systèmes
de taille et de plantation. Nous allons donc passer
en revue ces systèmes divers, qui peuvent être divi-
sés en quatre catégories spéciales : *treilles des jardins, treilles à long bois, tailles mixtes, tailles à
courson.*

1° TREILLES DES JARDINS. — L'application du principe posé par cette quatrième base est facile avec les
treilles des jardins, qu'elles soient conduites à la
Thomery ou bien dirigées en cordon horizontal,
vertical ou oblique. En effet, dans ces différentes
formes de treilles sur fil de fer, les rameaux de l'an-

née ont tous la même longueur, puisqu'ils sont tous
également pincés à la hauteur de leur second fil de
fer, sauf toutefois les prolongements qui, jouant plutôt le rôle de branches à bois, ne sont jamais incisés.
Il suffira dès lors pour obtenir un partage égal des
feuilles, et par conséquent de la sève élaborée produite par leur travail, de n'inciser que la moitié des
rameaux entre le borgne et l'œil franc sur les chasselas, au dessus du premier ou du second œil, suivant la fertilité du cep et la longueur des coursons
sur les cépages vigoureux comme le Frankental, les
Colman, Gros Guillaume, Dodrelabi, le Schaous, etc.
On aura soin de n'inciser qu'un seul courson sur
tous les bras qui en possèderont deux, la moitié seulement sur ceux auxquels on en aurait laissé davantage et de ne jamais inciser les prolongements.

Il serait toutefois généralement préférable, pour
les treilles des jardins, de ne pas pratiquer l'incision sur le bois lui-même de la taille, mais de
l'opérer avec précaution sur le rameau herbacé de
l'année, vers le commencement de la floraison. De
même aussi, il vaudrait mieux ne faire d'incision
qu'au dessous des plus belles grappes et n'en laisser
qu'une seule à chaque rameau incisé. Comme
presque toujours dans la culture de la vigne en
treilles, on recherche plutôt l'agrément, la beauté
et la précocité du raisin, jointes à la grosseur de la
grappe et du grain, que la quantité du produit ; on
obtiendrait ainsi avantageusement sur presque tous

les cépages, mais surtout avec les Chasselas, les
Colman, Danugue, Gros Guillaume, Dodrelabi, etc.,
des résultats merveilleux. Il sera alors très avantageux de donner dès la floraison une jolie forme à la
grappe en coupant légèrement avec des ciseaux les
pointes des ailerons et en écimant son extrémité
inférieure. Grâce à l'incision, et ensuite au cisselle-
ment des grains ainsi qu'à la suppression des vrilles,
on obtiendra de très bonne heure, relativement à
leur époque normale de maturité, des raisins de toute
beauté, des chasselas roses, par exemple, d'un goût
exquis, à grains renflés de plantureuse apparence
et d'un coloris à faire pâlir les rubis de la plus belle
eau.

2° TAILLE A LONG BOIS. — Le nombre et la place
des incisions varie, dans les tailles longues comme
dans les tailles courtes, selon que les branches à
fruit sont accompagnées ou non de leurs coursons
de remplacement.

Les tailles longues défectueuses qui ne comportent
qu'un ou plusieurs longs bois sans courson de remplacement à leur base sont, en effet, encore en usage
dans certaines contrées viticoles. Dans le Jura, par
exemple, le vigneron ne laisse généralement sur
chaque pied qu'une seule corgille (long bois de dix
à douze yeux ployé en dessous en arc de cercle),
assez rarement plusieurs, mais ne lui donne de
courson que lorsque l'allongement du cep nécessite
son ravalement.

Dans ce système de taille, l'incision doit nécessairement être faite vers le milieu seulement de la corgille. En effet, le long bois doit produire à la fois le bois de la taille de l'année suivante et le fruit de l'année courante. En raison d'une telle obligation, ce malheureux surmené demande à être ménagé le plus possible. L'exécution de l'incision vers le milieu de la corgille permettra aux yeux situés en dessous de fournir des sarments plus ou moins vigoureux suivant la force du cep, mais aussi bien placés que possible pour la prochaine taille. Tous les bourgeons du long bois concourront ainsi à donner le fruit de l'année ; toutefois la moitié d'entre eux accaparera seule une partie de la sève élaborée au profit exclusif de la fructification.

Il faudrait naturellement agir de même dans le cas où l'on aurait laissé à un même cep plusieurs longs bois sans coursons, ce qui est nécessaire pour l'un l'étant également pour plusieurs, tous jouant le même double rôle séparément et devant remplir les mêmes fonctions. Tout au plus pourrait-on montrer en ce cas un peu moins de sévérité dans l'abandon libre de la moitié de la corgille au retour de la sève aux racines, en raison de la plus grande vigueur du cep. Mais dans ce système défectueux de taille longue, la moitié des yeux de la corgille pour le bois de remplacement et le retour libre de la sève aux racines, l'autre moitié plus spécialement pour le fruit, en conséquence l'incision vers le milieu du long bois, telle est la pratique qu'il paraît préférable d'observer pour assurer en même temps la meilleure fructification et la vitalité du cep.

Il serait en ce cas très avantageux pour la vigueur des bois destinés à la taille prochaine d'accoler à l'échalas deux des sarments les plus vigoureux et les mieux placés vers la base de la corgille pour son remplacement l'année suivante. Ces deux sarments seront ainsi fixés dans la position verticale aussitôt que leur développement le permettra et ne seront pincés qu'à la sève d'août. Au contraire, tous les autres bourgeons seront pincés plus ou moins longs suivant la vigueur du sujet, de trois à six feuilles par exemple, au dessus de la grappe supérieure, suivant leur position sur la corgille, sauf le bandoulier qui demande à être sévèrement pincé à deux feuilles et repincé à une seule sur ses anticipés. Ces pincements sont nécessaires dans ce système de taille pour donner le plus de vigueur possible aux bois de remplacement et ménager une bonne taille pour l'année suivante en même temps que la meilleure fructification ; ils doivent être spécialement pratiqués au moment de la floraison et renouvelés toutes les fois que l'activité de la végétation pourra le rendre utile.

On obtiendra ainsi, aussi bien que le permet la nature, le bois et le fruit sur la même branche ; mais ce système de taille, qui ne laisse sur chaque cep qu'un ou plusieurs longs bois sans courson de remplacement à leur base, comme la taille en corgilles encore généralement en usage dans le Jura, est défectueux et doit être réformé. La différente nature des deux sèves, l'opposition entre les causes de la vigueur et celles de la fertilité, en conséquence la nécessité d'une alimentation différente, c'est-à-dire d'une sève plus ou moins riche et épaisse, lentement ou rapidement élaborée, pour produire des bois vigoureux ou des fruits abondants, démontrent amplement combien il est peu rationnel de demander à un même sarment à la fois le fruit de l'année et le bois de remplacement. De plus, le rôle et les fonctions des racines, la proportion généralement existante entre leur développement et celui des rameaux, les rapports spéciaux entre certaines branches et certaines racines, prouvent combien il est contraire aux lois d'une vigoureuse et fructueuse végétation de ne laisser à la tige qu'un sarment, à la fois pour le remplacement de la taille et pour la fructification.

Il est donc, sinon absolument nécessaire, du moins très avantageux de laisser à chaque long bois, aste, pleyon, corgille, courgée, etc., son courson de remplacement au dessous de lui sur le même bras et d'éviter en même temps la faute commise par d'autres vignerons, qui taillent alternativement le bras droit du cep à long bois et le bras gauche en courson. Ce report alternatif du long bois et du cour- son sur l'un des bras du cep a pour effet de ruiner le système radiculaire de chacun de ces bras, une année par pléthore quand ce bras est réduit d'un long bois à un simple courson, et l'année suivante par inanition lorsqu'après avoir nourri seulement un ou deux bourgeons pendant un an, il lui faut subitement en faire fructifier une douzaine.

3° TAILLES MIXTES. — Ces divers inconvénients des plus sérieux sont évités avec les tailles mixtes, tailles éminemment logiques et rationnelles, dont le principe est la division du double travail de la fructification et de l'accroissement entre les branches à bois et les branches à fruit. Dans ce système de taille des plus pratiques, chaque branche à fruit, corgille de dix à douze nœuds, aste de cinq ou six, courson de quelques yeux, est dotée d'une branche à bois, sous forme d'un courson d'un ou deux yeux francs, situés au dessous d'elle sur le même bras, pour son remplacement. Différentes formes de cette taille mixte sont déjà depuis longtemps en usage dans certaines parties de la Gironde, du Cher, de l'Isère, dans les vignobles de Côtes-Rôties, etc., et l'on ne peut, assez souvent, souhaiter de meilleurs exemples, pour les autres vignobles, spécialement aux vignerons du Jura dont la taille défectueuse fait produire à chaque cep, occupant environ un mètre de terrain, à peine une moyenne de quatre ou cinq raisins à petits grains et de faible volume.

Avec ce système de taille, l'harmonie règne toujours dans les différentes parties du cep ; l'équilibre est maintenu constamment entre la vigueur et la fertilité, de même qu'entre la production et l'accroissement. En effet, la pousse libre et vigoureuse des bois du courson amène l'accroissement et la vigueur des racines, et réciproquement la vigueur des racines procure celle de la végétation, pendant que la fertilité de la branche à fruit, pincée plus ou moins court sur tous ses rameaux au dessus de l'incision, tend au contraire, par son défaut d'allongement et son accaparement partiel des sucs nourriciers, à affaiblir les racines en retardant leur développement. En même temps que les rameaux supérieurs à l'incision, pincés court et amplement nourris, donnent un fruit abondant, d'une maturité assurée, les yeux du courson et de la base de la branche à fruit se développent librement et donnent naissance à des sarments vigoureux dont la pousse entraîne l'accroissement des racines, les fortifie et les met ainsi en mesure de supporter sans inconvénients les fatigues de la fructification. Après la vendange, le rôle de la branche à fruit, plus ou moins affaiblie par le pincement et les fatigues de la fructification, est terminé. Elle est complètement supprimée et remplacée à la taille suivante par le sarment supérieur de son courson de remplacement, dont le bois jeune et vigoureux assure à son tour la bonne fructification du cep, pendant que le sarment inférieur taillé à deux yeux préparera de son côté la branche à fruit de l'année suivante.

Ainsi sera acquise et maintenue dans le cep, avec l'incision annulaire, la bonne harmonie entre les diverses fonctions végétales par le rôle différent des deux parties de la taille, la branche à bois et la branche à fruit. La branche à bois prépare le bois de remplacement pour l'année suivante, donne l'accroissement aux racines et procure la vigueur à la plante. La branche à fruit, ainsi préparée l'année précédente aux fatigues de la fructification, utilise au point de vue pratique du *Grape grower for profit* l'accroissement et la vigueur acquises. Pendant que l'une éprouve les fatigues d'une abondante fructification après laquelle elle disparaîtra, l'autre se prépare, dans une stérilité vigoureuse, aux fatigues non moins fécondes de l'année suivante ; et comme conséquence forcée, chaque année voit naître le fruit sur des bois jeunes et vigoureux, possédant des racines fortes, actives et reposées, et le courson se couvrir d'une vigoureuse végétation qui à son tour renouvelle la force des racines, prépare la fécondité des bourgeons et assure ainsi l'avenir de la plante avec celle de la récolte.

Avec les tailles mixtes, l'incision annulaire peut être opérée à peu près à volonté sur la branche à fruit, à partir du premier œil franc de leur base dans les plus courtes, au dessus du second ou même du troisième sur celles taillées plus ou moins long. Les bois les plus longs possédant en général de dix à douze yeux, parmi lesquels deux ou trois environ n'étant pas fructifères sont supprimés lors de l'ébourgeonnage ou de l'épamprage, la sève de six ou sept rameaux sera seule accaparée sur la branche à fruit plus spécialement pour la fructification.

En supposant seulement sur chaque cep occupant en moyenne un mètre carré deux longs bois, ayant chacun six ou sept rameaux fructifères ou leur équivalent en bois plus ou moins courts, la récolte serait assez considérable puisqu'à deux raisins par bourgeon on vendangerait sur chaque pied douze à quatorze gros raisins, pleins d'un jus abondant, soit de 120 à 140.000 à l'hectare. A 500 grammes seulement par raisin en moyenne, on arriverait à récolter de 60.000 à 70.000 kilogrammes de raisins donnant environ les deux tiers de leur poids en jus, soit 400 à 500 hectolitres de vin à l'hectare. Ce calcul, qui, à la vérité, n'est pas plus certain que fantastique, n'a d'autre but que de donner aux hésitants le courage initial de concentrer le fruit sur les rameaux incisés en le supprimant, à moins de nécessité contraire, sur les premiers rameaux des branches à fruit situés au dessous de l'incision et absolument sur les rameaux des branches à bois.

Cette proportion de six ou sept rameaux incisés contre quatre ou cinq entièrement libres deviendra encore de moins en moins considérable à mesure que la branche à fruit sera taillée plus court. La sève des trois à cinq rameaux non soumis aux effets de l'incision pourra donc librement faire retour aux racines,

et comme les rameaux situés au dessus de l'incision
seront pincés plus ou moins courts pendant qu'au
contraire les autres se développeront librement jusqu'à la sève d'août, seront palissés verticalement et
débarrassés de leurs fruits pour favoriser leur développement, le nombre des feuilles travaillant seulement pour l'accroissement du bois et des racines
sera certainement bien proportionné à celui des
feuilles élaborant la sève plus spécialement pour le
fruit. La taille mixte a donc l'avantage de permettre
au vigneron de faire sur la branche à fruit son
incision à sa volonté, là où elle lui paraît la plus
avantageuse, soit un peu plus haut ou un peu plus
bas même que l'endroit indiqué, suivant la vigueur
et la fertilité du sujet, la qualité des yeux, les phénomènes météoriques du printemps et aussi suivant
ses désirs. En général, il gagnera plutôt à ne pas se
montrer trop gourmand, car une production trop
abondante affaiblit toujours au moins momentanément la plante, même sans incision, et avec cette
merveilleuse entaille le vigneron peut se montrer
facilement généreux, car il sera toujours à même de
reprendre l'année suivante les générosités de l'année
précédente en réglant sur la vigueur du cep la place
et le nombre des incisions, comme il règle déjà sur
elle le nombre et la longueur des corgilles, des astes
et des coursons.

Un autre avantage non moins appréciable de ce
système de taille, d'une pratique si facile et en

même temps si logique puisqu'elle repose sur le principe de la division du travail, est d'assurer l'unité de la vendange avec des cépages de même époque, malgré l'application de l'incision annulaire qui avance de quinze jours environ la maturité des raisins situés au dessus des incisions et reste sans influence sur celle des autres. La vendange devrait donc alors probablement être faite en deux fois, par portions plus ou moins égales, dans les systèmes de taille qui, ne comportant exclusivement que des bois de même longueur, sont obligés de leur faire jouer à la fois le rôle de branches à bois et de branches à fruit. La réforme de ces systèmes exclusifs, à part peut-être certains cas exceptionnels, ne serait pas un des moindres bienfaits de l'incision annulaire. Cette réforme est de celles qui sont le plus faciles, puisqu'elle ne demande ni dépense, ni capital immobilisé, etc., et peut se faire immédiatement. Quoi de plus simple que de prendre à la prochaine taille sur la corgille de l'année précédente le premier beau sarment de sa base pour faire un courson et le second pour la corgille de l'année? Le même résultat sera aussi facilement atteint dans les tailles à courson en laissant sur chaque bras deux bois taillés plus ou moins court suivant le cépage, l'inférieur non incisé pour le bois de remplacement avec le borgne et un œil ou deux yeux francs, le supérieur pour le fruit de l'année avec deux, trois ou quatre yeux francs et l'incision au dessus du borgne ou du

premier œil de sa base. Cette réforme ferait ainsi
tomber d'elle-même la seule objection pratique que
l'on ait dû produire quelquefois avec quelque raison
contre la pratique de l'incision annulaire dans les
vignobles, et son adoption sera doublement avantageuse puisqu'elle assurera ainsi par une taille
logique, basée sur les principes à la fois naturels et
économiques, et par l'emploi judicieux de cette précieuse entaille, la vigueur du cep et l'abondance de
sa récolte.

4° TAILLES EN COURSONS. — Les principales
formes données au cep dans les tailles en coursons,
tailles aussi nombreuses que variées, sont le *gobelet*,
le *cordon*, le *groseiller*, l'*éventail* et l'*espalier*. C'est
ici le cas surtout de rappeler que l'incision doit toujours être faite sur le courson lui-même ou sur ses
bourgeons et jamais sur les bras ou portants.

La forme *gobelet*, qui comporte six à huit bras
dans le bas Languedoc et presque autant souvent
dans les Charentes, n'en possède plus que trois dans
la Provence et le Beaujolais. Quel que soit le nombre
des yeux laissés aux coursons dans ces différents
vignobles, l'équilibre nécessité par l'emploi de
l'incision serait maintenu dans le partage proportionnel des feuilles en incisant seulement la moitié
des coursons. Mais, comme chaque bras n'a qu'un
courson sans bois de remplacement à sa base, en
conséquence doit donner à lui seul le fruit de l'année
et la taille de l'année suivante, il paraît en plus

nécessaire de ne pratiquer l'incision que sous l'œil supérieur si le courson a deux ou trois yeux, au milieu lorsqu'on lui en laisse quatre comme sur la Folle des Charentes. L'œil ou les deux yeux du bas des coursons pourront aussi donner du fruit, mais seront chargés surtout de fournir le bois de remplacement, qui pourrait cependant, à l'occasion, être pris au dessus de l'incision s'il était nécessaire. Les bourgeons supérieurs, plus spécialement consacrés à la fructification, seront pincés plus ou moins sévèrement, tandis que les bourgeons inférieurs seront laissés plus ou moins librement dans leur développement. Les rameaux situés au dessus de l'incision, ayant terminé leur mission à la vendange sont tous abattus lors de la taille et remplacés par le sarment inférieur le plus vigoureux ou le mieux placé pour empêcher l'allongement du bras.

La forme *cordon* ne comporte qu'une seule tige ; mais cette tige unique est terminée en Bourgogne par un courson de deux yeux sur les Pineaux et de quatre sur les Gamays, en Champagne par deux broches taillées à trois yeux francs sur les cépages à fruits noirs et par une seule taillée à quatre sur les cépages blancs, enfin, dans le vignoble de l'Ermitage, par un arçon de trois yeux francs avec ou sans courson de remplacement pour le ravalement du cep. Lorsque la tige aura deux broches ou un arçon accompagné d'un courson, la place de l'incision pourra être choisie à volonté au dessus de l'œil inférieur du rameau supérieur; quand on ne lui aura laissé qu'un seul bois, le mieux sera d'opérer l'incision seulement sous l'œil supérieur de ce bois unique.

Les formes *groseiller* et *éventail* sont particulières à l'Yonne. Dans ces deux modes de taille, la souche forme une espèce de gobelet dont la carcasse part du niveau ou même de l'intérieur du sol sous forme de bras verticaux. Chacun de ces bras possédant un seul courson taillé très court, excepté à Chablis où on lui laisse trois yeux sur le Beaunois, l'incision a également sa place marquée sous l'œil supérieur de la moitié ou des deux tiers des coursons.

La forme *espalier* avec taille courte se rencontre surtout dans la Gironde; mais chaque aste étant généralement accompagnée de son cot de remplacement, on retombe en ce cas dans la taille mixte et l'incision peut être faite à volonté sur l'aste à partir du sommet du premier œil franc de sa base.

En se conformant à ces indications particulières et surtout en les interprétant à l'aide des principes généraux de l'application judicieuse de l'incision annulaire, on peut être certain de ne recueillir de son emploi que d'heureux effets dans le présent comme dans l'avenir. A la rigueur, tous les coursons pourraient sans doute recevoir, sans inconvénient pour la vitalité du cep, l'incision vers le sommet. Il sera toutefois généralement préférable, pour mieux assurer dans la plante le maintien et la

vigueur déjà réduite par la rigueur de la taille, de
n'inciser chaque année que la moitié ou les deux
tiers des coursons, et en ce cas d'établir un roule-
ment pour l'application successive de l'incision à
chaque bras à tour de rôle. L'application de cette
avantageuse opération à la totalité des coursons
pourra donc être faite sans inconvénient, à la place
indiquée, lorsque la force de la coulure, le manque
de maturité, les maladies cryptogamiques ou toute
autre cause accidentelle semblera la rendre utile. Il
est certain qu'ainsi accidentellement pratiquée sur la
totalité des coursons, le cep ne recevra de l'incision
que de bons effets et il est infiniment probable qu'il
en serait de même si elle l'était annuellement. Mais
les attaques théoriques des adversaires de l'incision,
quoique n'ayant de valeur que dans le cas où elle
serait pratiquée sur le tronc lui-même et empêche-
rait par conséquent tout retour de la sève aux racines
de la plante, doivent rendre ses partisans très pru-
dents dans son emploi et surtout ses promoteurs
très réservés dans leurs conseils jusqu'à ce que
l'expérience résultant de son application suivie et
assez étendue dans chaque région ait amplement
démontré, en même temps que ses nombreux avantages, sa parfaite innocuité sur la vigne.

C. — Largeur de l'incision.

La largeur de l'incision doit être calculée en principe de manière que le recouvrement de la section

décortiquée par le bourrelet qui se forme à sa
partie supérieure coïncide avec la maturité du
raisin. La branche à fruit ayant terminé sa mission
avec la vendange puisqu'elle n'a plus de grappes à
nourrir, détournerait alors sans aucun avantage une
partie de la sève descendante à son profit. Il peut être
au contraire avantageux pour la vigueur des racines
et le bon aoûtement du bois avant les premiers froids
qu'elle reprenne son cours naturel.

En fait, la largeur moyenne de l'incision peut être
fixée de quatre à huit millimètres; mais elle peut sans
inconvénient être, même de beaucoup, supérieure.

Le principal objectif doit être que le recouvrement
n'ait pas lieu trop tôt, ses avantages n'étant jamais
que très secondaires dans notre système d'application
et ses inconvénients au contraire étant très importants puisque la cicatrisation met fin aux bons effets
de l'incision. Ce résultat est des plus faciles à obtenir à première vue et sans aucun calcul, parce qu'au
contraire d'une trop petite, une incision un peu trop
large n'a pas d'inconvénient avec l'incision annulaire judicieusement appliquée. De nombreuses
incisions, ayant laissé le bois à découvert et sec à sa
surface sur une longueur de plus d'un centimètre,
n'ont causé aux ceps aucun dommage, ont donné,
en même temps que leurs bons effets, un bois aussi
vigoureux sur les ceps ainsi incisés que sur leurs voisins presque pas ou nullement incisés. « Si les incisions sont trop étroites et que la sève arrive à les

recouvrir assez vite, le résultat, quoique visible, est bien moins saillant ; nous voyons des incisions de plus d'un centimètre de largeur sans que le rameau en ait souffert et quoique le bois mis à nu paraisse dur et sec [1]. »

Cependant la largeur de l'incision peut varier avec le but que l'on se propose en la pratiquant sur la vigne. Si elle était appliquée seulement comme remède contre la coulure, une décortication de deux à quatre millimètres serait en ce cas suffisante dès le début de la floraison et suivant la vigueur du sujet. Le recouvrement de la place aurait lieu ainsi peu après la floraison lorsque les fruits seraient noués et par conséquent l'effet désiré produit par l'incision. Sa largeur pourrait aussi être la même au cas où elle serait seulement pratiquée pour avancer la maturité du raisin ; mais alors, comme nous allons le voir, ce n'est plus pendant la période de la floraison qu'elle devrait être faite, mais six semaines environ avant l'époque de maturité du cépage.

La largeur à donner à l'incision n'offre donc aucune difficulté et peut être fixée uniformément à six millimètres en moyenne dans les vignobles possédant des cépages de vigueur différente, à quatre sur les cépages à petits bois et à huit sur tous ceux fournissant des bois d'une certaine grosseur. Pour répondre à ces besoins différents, j'ai fait donner

1. J. Batisse, *Revue Horticole*, février 1886.

une largeur différente aux différents numéros de
mes *Inciseurs annulaires* ; le n° 1 donne une décortication
de quatre millimètres, le n° 2 une décortication
de six millimètres et le n° 3 une de
neuf millimètres. La vigueur plus générale de la
vigne dans le Midi doit faire préférer le n° 3
dans ses vignobles, et la faiblesse relative de la
végétation dans les vignobles septentrionaux rend le
n° 1 mieux proportionné à la grosseur moyenne et
même petite des sarments[1].

D. — Époque de l'incision.

L'incision annulaire peut être faite sans inconvénients
depuis l'apparition des mannes ou apparues
jusqu'à la véraison.

Avant le commencement de la floraison, elle
pourrait peut-être retarder ou raréfier la formation
des nouvelles radicelles et ralentir ou même affaiblir
le premiers cours de la végétation. En tous cas, le
premier effet important de l'incision étant la suppression
de la coulure, qui ne peut commencer à se produire
sérieusement qu'avec la floraison, il semble
préférable de laisser jusque-là la sève élaborée faire
ses premiers retours aux racines pour favoriser le

1. Nous recommandons pour l'incision annulaire de la vigne
l'excellent inciseur annulaire Follenay, construit par M. Renaud,
coutelier à Lyon, 14, rue Constantine.
Vigne Américaine, numéros de mars et avril 1889.

développement des radicelles et donner de la vigueur
au cours des deux sèves plutôt que d'en accaparer
de suite une partie au profit de certains bourgeons à
fruit. Quelque temps après la véraison, l'incision
n'aurait plus guère d'effet que sur la maturité du
bois situé au dessus d'elle, et comme en principe ce
bois doit disparaître à la taille suivante, cet avantage
n'est pas, en général, de nature à être recherché. Il
semble, au contraire, avantageux que la sève ait
repris son cours naturel quelque temps avant la
chute des feuilles et en tous cas au moment de la
vendange. Pratiquée entre ces deux époques de la
floraison et de la véraison, l'incision annulaire restera sans effet sur la coulure, mais produira tous ses
bons effets de maturation plus hâtive, d'augmentation à la fois de grosseur et de richesse saccharine,
etc., sur les raisins qui existeront sur le cep lors de
son exécution. Les effets de cette opération sont
donc différents suivant le moment où elle est pratiquée, et chacun doit choisir l'époque de son application suivant le but qu'il se propose.

Le meilleur moment pour l'exécution de l'incision
annulaire, lorsqu'on désire lui faire produire à la
fois tous ses bons effets, paraît être celui qui pré-
cède immédiatement la pleine floraison, c'est-à-dire
l'époque où vont s'ouvrir en même temps sur les
apparues d'un même cep, ou en pratique sur la
majorité des mannes d'une même vigne, le plus
grand nombre de fleurs.

C'est le sentiment général de ceux qui ont pratiqué l'incision et nos essais particuliers n'ont fait que confirmer cette préférence. Nos principales expériences sur ce point important ont eu lieu au printemps de 1886, année où la coulure a été si intense pendant tout le mois de juin, et ont porté sur trois époques différentes de la floraison : apparition des mannes, floraison bien déclarée et générale sur les différents cépages, défloraison commencée. *Les ceps incisés les premiers* ont admirablement noué leurs fruits, malgré une coulure intense, et très bien végété jusqu'aux environs de la sève d'août ; mais, depuis lors, le grossissement des grappes s'est ralenti et leur maturité est restée en arrière sans doute à cause du recouvrement trop prompt de la section corticale. La largeur de l'incision doit donc être notablement augmentée, lorsqu'on la pratique aussitôt l'apparition des mannes. *Les derniers ceps incisés* ont conservé, malgré la coulure, un nombre très suffisant de raisins, mais les grappes étaient bien moins longues et les grains plus rares ; toutefois elles sont allées toujours en prospérant jusqu'à la vendange, bien qu'un grand tiers de la section corticale n'ait jamais été recouvert. La période de la floraison ayant été très longue cette année par suite des intempéries de tout le mois de juin, six semaines au moins séparaient les premières incisions des dernières. *Les ceps incisés un peu avant la pleine floraison* étaient bien supérieurs aux pré-

cédents. Leurs fruits abondants et bien garnis sont
allés toujours en prospérant jusqu'à la vendange,
époque à laquelle les bords de la section venaient de
se rejoindre ; leur vigueur a été constamment soutenue ; leurs raisins ont mûri avec une avance de
quinze jours au moins sur ceux des vignes voisines
complantées des mêmes cépages, à peu près en même
temps que les derniers incisés et bien avant les premiers qui, malgré leur brillant début, n'avaient
plus progressé que lentement vers la fin et sont arri-
vés à maturité avec un retard considérable sur les
deux autres catégories.

On peut donc choisir le moment de l'exécution de
l'incision depuis l'apparition des mannes jusqu'à
leur défloraison, à condition de tenir compte de cette
époque différente dans la largeur de la section décortiquée. Il paraît, toutefois, préférable de la pratiquer
aux environs de l'arrivée de la pleine floraison
toutes les fois que le temps ou les convenances le
permettront.

Tel est, du reste, l'avis général des praticiens de
l'incision annulaire.

C'était déjà le sentiment du célèbre Lambry, qui
le déclare en ces termes, pages 6, 9 et 10 de sa brochure déjà citée :

« Lorsque la vigne entre en fleur, ou même lors-
« qu'elle est en pleine fleur, il faut faire à l'écorce,
« soit du jeune bois de l'année, soit de celui de l'an-
« née precédente, deux incisions circulaires, puis

« enlever le petit anneau d'écorce compris entre ces
« deux incisions. Cependant celui qui aurait beau-
« coup de vignes à opérer pourrait commencer
« cinq ou six jours auparavant et continuer ensuite
« pendant tout le temps de la floraison. En devan-
« çant davantage, on réussirait peut-être ; mais on
« risquerait que la plaie ne fût refermée avant l'épa-
« nouissement des fleurs, ce qui rendrait l'opération
« nulle[1]. Si l'on opère trop tard, quand tout est
« défleuri, l'incision n'a plus d'effet sur la cou-
« lure, mais elle conserve son autre propriété, qui
« est de hâter beaucoup la maturité.

« L'année dernière, qui a été si mauvaise, M. Bau-
« din, voyant qu'une ligne de chasselas mal exposée
« ne voulait pas mûrir, tenta l'opération sur elle en
« septembre. Il a eu la satisfaction que toutes les
« branches opérées sont venues à maturité et il a
« vendu une quantité considérable de ce chasselas,
« dont il n'aurait retiré aucun profit sans cela ; car
« sur quelques branches qu'il avait laissées intactes
« çà et là, les fruits sont restés verts et ont été gelés
« ou pourris.

« Cet avantage d'avancer la maturité suffirait seul
« pour faire adopter l'incision annulaire aux ama-

---

1. Lambry ne donnait qu'un ou deux millimètres de largeur
à ses incisions et ce peu de largeur amenait nécessairement un
recouvrement très prompt, surtout sur des vignes vigoureuses.
Les vignerons qui ne voudraient appliquer l'incision que pour
combattre la coulure pourraient ne donner aussi que cette petite
largeur à leurs incisions.

« teurs de jardinage pour les muscats et autres rai-
« sins difficiles à mûrir ; mais celui d'empêcher la
« coulure étant bien plus important, le mieux est
« d'opérer dans le temps de la fleur ; alors on obtient
« les deux résultats à la fois.

« Cependant, s'il arrivait que, le temps ayant été
« fort beau lors de la fleur, on n'eût pas fait l'opé-
« ration et qu'ensuite la saison devînt assez mau-
« vaise pour faire craindre que le raisin ne mûrit
« pas, on pourrait en septembre faire l'opération
« uniquement dans la vue d'obtenir la maturité. On
« a vu par l'exemple de M. Baudin qu'on en peut
« attendre des résultats fort avantageux. »

M. Charles Baltet dit de même dans son excellente
brochure sur la *Coulure des raisins*, p. 15, Troyes,
1887 : « L'époque la plus favorable à l'opération est
« pendant la floraison de la vigne, plutôt au début
« qu'à la fin, c'est-à-dire qu'il y aura plus d'effica-
« cité à inciser sous une grappe qui commence à
« épanouir ses fleurs que sous une grappe défleurie.
« Le fluide, circonscrit tardivement, pourrait encore
« seconder la maturation du fruit et prévenir l'atro-
« phie excessive, résultant de pluies abondantes et
« continues. »

Le sentiment sur ce point étant général, il est inutile d'insister en donnant de plus nombreuses citations qui ne feraient que confirmer les précédentes
tout en les répétant. Nous terminerons toutefois
l'examen des faits qui concernent l'époque de l'in-

cision par l'avis de la commission du comice de
Cadillac sur les effets différents de cette opération
suivant l'époque à laquelle elle est pratiquée :

« Votre commission, messieurs, dit le rapporteur,
« M. Cazeaux-Cazalet, votre commission pouvait,
« après ces visites, formuler les conclusions sui-
« vantes :

« 1° Les résultats de l'incision annulaire pratiquée
« sur les hastes sont indiscutables : la coulure est
« diminuée sur la partie au delà de l'incision ; le
« fruit est mieux nourri, et sa maturité est avancée.

« 2° L'incision pratiquée au départ de la floraison
« donne plus de résultat pour la production du fruit
« que celle qui est pratiquée en pleine floraison.
« L'incision tardive paraît devoir favoriser, au con-
« traire, le développement et la maturation du bois
« de la partie qui profite de l'incision. Car, par l'in-
« cision précoce, on obtient beaucoup de raisins
« excessivement développés, tandis que le bois mûrit
« lentement[1], et, par l'incision tardive, le raisin
« n'a qu'un développement peu accentué et même
« insensible, tandis que le bois mûrit plus vite. En
« d'autres termes, dans l'incision moyenne ou tar-
« dive, l'effet est plus ou moins partagé entre le bois
« et le raisin, tandis que dans l'incision précoce,
« c'est le raisin seul qui profite de l'opération.

1. Nous n'avons jamais remarqué aucun défaut de maturation
du bois sur les branches incisées dès le début de la floraison ;
au contraire, l'aoûtement de la partie supérieure à l'incision a
paru toujours meilleur que celui des branches non incisées.

« 3° Le résultat est aussi proportionnel à l'excès
« de grossissement de l'haste, c'est-à-dire au temps
« pendant lequel la sève descendante est retenue
« dans l'extrémité de l'haste, et la durée de cet iso-
« lement dépend, à égale force de végétation, de la
« largeur de la zone pelée. La largeur de cette zone
« doit donc être au moins de 0 ^{m} 005 à 0 ^{m} 006 pour
« les vignes, suivant la vigueur des ceps. »

Telles sont les meilleures conditions que l'on peut
fixer pour la pratique avantageuse de l'incision annulaire afin d'en obtenir, sans aucun inconvénient pour
le cep, ses précieux avantages et surtout ses principaux : suppression de la coulure, avance de la maturité, augmentation de la grosseur des fruits et de la
richesse saccharine de la vendange. Toutes les conditions de sa réussite et de sa bonne application à la
vigne ayant été indiquées avec les raisons qui les
motivent, chacun est maintenant à même de l'appliquer sûrement et avantageusement à sa volonté suivant les circonstances.

On peut même s'éviter toute recherche et toute
réflexion en appliquant mécaniquement pour la
bonne exécution moyenne de cette facile opération
la formule suivante, que nous avons déjà donnée et
qui résume laconiquement en quatre points les meilleures conditions de sa pratique générale : *enlever
un anneau d'écorce, — de quatre à six millimètres
en moyenne, — entre le quatrième et le cinquième
nœud de la base de la branche à fruit ou au dessous*

de l'œil supérieur de la moitié des coursons, — pendant la floraison.

CHAPITRE V

EXÉCUTION DE L'INCISION ANNULAIRE

§ 1. — *Exécution à la main.*

Une des plus anciennes descriptions de l'exécution à la main de l'incision annulaire date de 1787 et se trouve à la page 257 du tome X du *Cours complet d'agriculture*, de l'abbé Rozier : « Enlevez adroitement avec une petite lame bien tranchante, sur le vieux bois qui porte immédiatement un nouveau bourgeon, une portion de la substance corticale jusqu'à la partie ligneuse et seulement de la hauteur de quelques millimètres. Ayez soin que toute la partie ligneuse soit mise circulairement à découvert, mais sans être endommagée, sans avoir reçu la moindre atteinte... Malheureusement, ajoute un peu plus loin le savant abbé, ce procédé exige trop de temps et des soins trop minutieux pour pouvoir être exécuté en grande exploitation, et ailleurs que dans des jardins et sur des treilles spécialement affectionnées. »

Lambry, le célèbre propagateur de l'incision annulaire dans les vignobles de Seine-et-Oise à peu près à la même époque, n'était pas de cet avis. Il l'appliquait à la main dans ses vignes en plein champ, et sa brochure, déjà citée, nous montre (page 10) que

son exemple était déjà suivi et que la longueur de
l'exécution de l'incision, avec un couteau ou un
greffoir, ne l'effrayait pas plus que ses voisins :
« Jusqu'à présent, M. Lambry ne s'est servi que du
greffoir ou d'une petite serpette pour faire les deux
incisions et enlever l'anneau ; cela et long et semblera une difficulté aux vignerons ; mais ils n'ont
qu'à essayer, ils verront qu'ils seront bientôt au fait.
Ce qu'il peut dire, c'est qu'il a opéré l'année dernière
plus des trois quarts des sautelles (branches à fruit)
dans une pièce de 115 perches (mesure de 20 pieds)
et qu'il a employé à peu près huit journées ; son
fils a opéré une autre pièce de 7 perches sans exception d'aucune sautelle ; il lui a suffi d'une demi-
journée. M. Bertier, propriétaire à Brunoy, a incisé
pendant la fleur, également avec le greffoir, une
vigne d'un arpent qui a réussi aussi bien que celle
de M. Lambry. On voit donc qu'un vigneron avec
sa femme et ses enfants pourrait opérer plusieurs
arpents pendant la durée de la fleur, du moins dans
les pays où l'on pratiquerait l'incision sur le bois
d'un an, ce qui est plus expéditif que sur la jeune
pousse. Il faut encore observer que, dans les années
très belles et très chaudes, l'opération devient inutile
et peut se réduire aux seuls ceps connus pour couler
habituellement, comme il y en a dans presque toutes
les vignes. C'est lorsque la saison est froide, humide
et pluvieuse, à l'époque de la fleur, que l'opération
devient importante puisque alors elle peut sauver la

récolte ; or, dans une telle saison, la floraison est successive et dure longtemps et on a alors un temps considérable pour faire l'opération. Enfin on n'opère pas toutes les pousses, mais seulement celles qui ont assez de grappes pour en valoir la peine ; et quand on ne pourrait pas tout faire, il reste toujours pour certain qu'un vigneron, qui dans une année de coulure voudra employer à ce travail les journées que dure la fleur, en pourra faire assez pour sauver plusieurs pièces de vin. D'un autre côté, il y a tout lieu d'espérer que l'on parviendra à faire de bons instruments qui abrègeront considérablement l'opération et la rendront praticable sur quelque étendue de vigne que ce soit. »

L'incision annulaire était donc déjà possible et avantageuse, même dans les vignobles, lorsqu'elle ne pouvait encore être exécutée qu'à la main, comme le démontrent parfaitement à la fois l'exemple et la description de Lambry. Le rapport fait à ce sujet à la Société royale d'agriculture, dans sa séance du 5 mars 1817, par MM. Yvart et Vilmorin, en donne la preuve authentique : « Nous nous arrêterons, disent ces Messieurs dans leurs conclusions, nous nous arrêterons seulement à la principale objection que l'on pourra faire contre la méthode de l'incision annulaire, celle de la difficulté de son application en grand. Nous vous dirons, à cet égard, que, d'après l'épreuve que M. Lambry et son fils ont faite cette année, ils estiment à huit ou dix journées de travail

le temps nécessaire pour opérer toutes les sautelles
d'un arpent de leur mesure (40 ares environ). Ils ne
se sont servis que du greffoir, et il y a tout lieu
d'espérer que nous serons bientôt enrichis d'un bon
instrument qui, enlevant l'anneau d'écorce d'un
seul temps, abrègera singulièrement le travail.
Lorsqu'on aura atteint à cet égard le point de per-
fection désirable, la méthode de M. Lambry deviendra d'un emploi facile et peu coûteux ; mais nous
estimons que, dans tous les cas, et dût-on se servir
du greffoir ou d'un instrument équivalent, *il y
aurait encore un très grand avantage à pratiquer
l'opération dans les années où la floraison a lieu
par un temps contraire et qui doit faire craindre la
coulure, et encore tous les ans sur les espèces de
vignes sujettes à couler.* »

§ 2. — *Exécution avec les instruments.*

L'exécution de l'incision annulaire devient une
opération à la fois des plus simples et des plus
rapides avec les instruments spéciaux. Malheureusement le nombre de ceux qui l'opèrent correctement
est rare et la plupart l'exécutent d'une manière
défectueuse. Trop souvent ses bons effets sont ainsi
paralysés, spécialement par l'attaque du bois ou
l'éraillement de l'écorce, et ces défauts vont quelquefois jusqu'à compromettre la solidité et même la
vitalité de la branche sur laquelle elle a été ainsi

exécutée. Le choix d'un bon instrument est donc d'une extrême importance, et l'on doit comprendre qu'un semblable outil étant d'une construction difficile, mais aussi d'un usage indéfini et des plus utiles, ce n'est pas le cas de rechercher seulement le bon marché pour son acquisition.

On peut donner de l'exécution de l'incision avec les instruments spéciaux en général, la description suivante, empruntée à la Brochure, déjà citée, de M. Ch. Baltet, sur la *Coulure des Raisins* : « Pour opérer l'incision, on tient l'instrument par les branches avec une seule main, tandis que l'autre main soutient le brin à inciser ; puis, saisissant le rameau entre les lames, on imprime à l'outil un mouvement tournant alternatif de droite à gauche, le rameau représentant l'axe de rotation, de telle sorte que la coupure de l'écorce soit régulièrement sur la surface externe de la circonférence du sarment. L'écorce de la vigne étant pour ainsi dire confondue avec l'aubier à peine lignifié, il ne faut pas appuyer trop fort sur l'outil sans quoi le scion ou le rameau tomberait. »

Après cette description générale, nous allons passer en revue les différentes formes d'instruments fabriqués jusqu'ici pour l'exécution de l'incision de la vigne, décrire successivement leur système et leur mode d'emploi spécial, en les rangeant, pour plus de clarté, en diverses catégories suivant leurs différents types.

A. — Instruments pour l'incision simple ou circulaire.

Quelques viticulteurs sont partisans de l'incision simple ou circulaire qui se contente de couper l'écorce sans l'enlever. Cette simple coupure circulaire de l'enveloppe corticale, qui se pratique depuis très longtemps en Auvergne sous le nom de bistournage, s'exécute, le plus généralement, avec une pince à lames simples légèrement acérées, échancrées à leur point de contact. On va naturellement un peu plus vite en besogne qu'avec des pinces à lames doubles, qui exécutent l'incision double ou annulaire avec enlèvement d'un anneau d'écorce. L'outil aussi coûte un peu moins cher ; il y en a même, dit-on, du prix de 1 fr. chez les couteliers de Clermont. Mais le résultat, tout en étant encore très réel, reste en proportion normale avec le prix de l'instrument.

Quelques-uns de ces instruments, connus sous le nom générique de coupe-sève, exécutent l'incision simple par trois coupures circulaires et parallèles de l'écorce à un millimètre environ l'une de l'autre. L'outil a la forme de deux croissants réunis en forme de pince ou de sécateur ; seulement l'une des branches porte, d'un côté, un double croissant, et de l'autre, un seul opérant la section de l'écorce dans le milieu des deux sections faites par l'autre branche. L'intérieur de ces croissants, entre lesquels est saisie la branche à inciser, étant simplement et modérément tranchant, ne peut amener aucune déchirure de l'aubier ; mais l'effet d'une telle incision ne peut être que très faible et surtout éphémère.

D'autres au contraire sont construits en forme de pinces crénelées ou dentées. Le plus perfectionné est dû à la collaboration de M. Gagnerot, viticulteur à Beaune, et de M. Jules Ricaud, suivant M. Lesne, qui en donne la description suivante dans le n° du 22 avril 1866 du *Journal d'Agriculture pratique* : « L'*Inciseur Gagnerot* est à lames simples, le tranchant est remplacé par des dents en scie, auxquelles on donne assez de largeur pour produire une *déchirure* de quelques millimètres. Un ressort semblable à celui d'un sécateur rend facile le maniement de l'inciseur Gagnerot. Son prix est de 5 fr. »

La *déchirure* produite par ce type d'inciseur dit assez ses inconvénients. En effet, le premier devoir d'un bon instrument est d'opérer nettement la section de l'écorce sans aucune déchirure comme san aucune attaque, même partielle, du bois. Nous avons vu souvent des bois incisés sécher sur plus des trois quarts de leur surface et même périr complètement au dessus de l'incision, par suite des déchirures causées à l'écorce par le mouvement circulaire de l'outil, quand la section n'en est pas opérée franchement, ou par le raclage très profond d'une partie de l'aubier. Quelquefois, il est vrai, le dessèchement partiel du bois sous l'incision n'a pas empêché le rameau incisé de fructifier abondamment lorsqu'il était énergiquement palissé; nous avons vu même, l'an dernier, un rameau de chasselas rose, incisé en vert avec un outil d'essai, se dessécher environ aux trois quarts sous la section corticale, rester, malgré cela, parfaitement vert au dessus et donner deux raisins magnifiques. Mais de pareilles exceptions prouvent simplement l'immense apport de l'atmosphère dans la nutrition de la vigne ainsi que la supériorité du travail de ses feuilles sur celui des racines pendant l'été, et ne peuvent servir qu'à engager les vignerons à utiliser de leur mieux les précieuses qualités d'un arbuste aussi vivace. Spécialement pour l'incision, ces meurtrissures ferment le passage de la sève ascendante, enlèvent la solidité de la branche incisée et ajoutent des lésions inutiles et dangereuses à cette opération, déjà assez importante par elle-même, de l'enlèvement complet d'un anneau d'écorce.

Aussi la commission du Comice de Cadillac dit-elle très justement, dans la quatrième conclusion de son rapport, dont nous avons déjà cité les trois premières : « 4° Les résultats de l'incision annulaire ne sont avantageux que lorsqu'elle a été bien faite, c'est-à-dire lorsque la zone a été complètement pelée tout autour de l'haste sans déchirure d'aucun côté de l'écorce restante. » Et elle en donne notamment la preuve suivante : « A Loupiac, chez M. Castaing, nous avons examiné des résultats autrement frappants. Dans un sol silico-argileux et froid, de vieux pieds de Malbec, incisés au départ de la floraison, étaient aussi remarquables pour le nombre des raisins et pour la grosseur des grains que ceux d'Illats. Comme chez M. Lalande, la largeur de l'incision était un peu supérieure à cinq millimètres. De plus, les pieds *mal incisés* ou ceux dont l'incision n'avait pu être recouverte, parce qu'elle avait été faite trop large par *les déchirures de l'écorce*, étaient échaudés à Loupiac comme à Illats. » Le rapport ne donne pas le nom, ni la description des instruments avec lesquels l'incision avait été exécutée ; il dit seulement en terminant : « Il nous a été impossible de comparer les mérites des instruments employés, nous avons seulement remarqué que les sécateurs employés par MM. Lalande à Illats, et Castaing à Loupiac *déchiraient l'écorce*, tandis que les pinces Pinsan (dont nous donnons ci-après la figure et la description) la coupaient nettement, mais faisaient l'incision trop étroite. »

Le choix d'un instrument exécutant bien cette opération, spécialement sans aucune déchirure de l'écorce et sans raclage de l'aubier, est donc absolument nécessaire pour la bonne application de l'incision annulaire sur les treilles comme dans les vignobles.

B. — Instruments pour l'incision double ou annulaire.

Les instruments construits jusqu'ici pour l'exécution de l'incision annulaire peuvent être ramenés à quatre types différents : le *bagueur Lambry*, le *coupe-sève du Breuil*, la *pince Aubry* et l'*inciseur annulaire Follenay*.

1° TYPE LAMBRY. — Le Bagueur Lambry a été construit dans les premières années du siècle par M. Parvillez, serrurier à Vuissoux, près Antony, et beau-frère de Lambry, sur les données de ce dernier « qui en était fort satisfait[1] ». La satisfaction de cet inventeur était fort juste, car son modèle est encore aujourd'hui bien supérieur à tous ceux dont j'ai connaissance, à la fois pour la construction et la manière dont il opère l'incision. Cet instrument était construit en cuivre ; la section de l'écorce était opérée par deux petites lames d'acier encastrées à deux millimètres de distance dans l'intérieur des branches de cuivre qu'elles dépassaient seulement d'un millimètre environ. Une petite traverse en acier enlevait l'écorce coupée par les deux lames de chaque branche. M. Parvillez se chargeait, en 1817, d'exécuter sur commande des instruments semblables pour les personnes qui en désiraient ; les demandes devaient être adressées à M. Gibert, marchand quincaillier à Paris,

1. Rapport fait par MM. Yvard et Vilmorin à la Société royale d'agriculture de Paris dans la séance du 5 mars 1817.

rue du Four-Saint-Honoré, chez lequel se faisait également la livraison. Malgré le prix élevé du bagueur Lambry, qui était de 20 fr., les commandes durent être assez nombreuses, car on retrouve encore aujourd'hui un certain nombre de ces instruments. M. Pulliat, professeur de viticulture à l'Institut agronomique de Paris, ayant eu l'extrême obligeance de m'envoyer ce printemps en communication la brochure et l'outil de Lambry pour m'aider de leurs données dans la rédaction de cette publication sur l'incision annulaire de la vigne, je reconnus aussitôt dans cet instrument un outil en cuivre dont on ne connaissait pas ici l'emploi et qui avait, en conséquence, été relégué dans l'armoire de la vieille ferraille. L'acquisition en avait été faite certainement par mon grand-père, le général de Follenay, grand agriculteur, et l'un des inventeurs de l'application de la vapeur à la propulsion des bateaux[1]. Malheureu-

1. Des pièces authentiques établissent que l'application de la vapeur à la navigation opérée avec succès le 15 juillet 1783 par le marquis Claude-François Dorothée de Jouffroy (d'Abbans près Quingey, Doubs), fut préparée dès 1770 par les travaux et les essais de ses deux voisins de campagne, le capitaine d'artillerie d'Auxiron (de Quingey, Doubs) et le général de Follenay (de Lombard, près Quingey, Doubs). En effet, vers 1770, et lorsque Claude de Jouffroy, né en 1751, était encore sous les armes, Charles François de Follenay, lieutenant-colonel de la légion de Flandre, et Joseph d'Auxiron, capitaine à la suite de la légion de Lorraine, avaient déjà formé une société pour donner suite aux plans de navigation par la vapeur dressés par d'Auxiron, et obtenu du ministre du roi, M. Bertin, la promesse d'un privilège pour faire remonter le cours des rivières les plus

sement, le temps m'a manqué jusqu'ici pour retrou-
ver dans ses mémoires le détail et le résultat des
expériences auxquelles il dut se livrer en conséquence de cette acquisition, soit sur la vigne, soit
sur des mûriers dont il avait fait des plantations
considérables.

L'instrument inventé par Lambry a été repris et
perfectionné par un maître en sa partie, M. Renaud,
coutelier à Lyon. Malgré sa construction des plus
parfaites, la substitution de l'emploi de l'acier à celui
du cuivre, dans le corps même des branches, a per-

rapides par un bateau à vapeur. Malheureusement, ce premier
bateau à vapeur, établi à l'île des Cygnes, à Paris, en septembre
1774, fut coulé à fond et à moitié brisé par des inconnus sou-
doyés par la malveillance, la veille même du jour fixé pour son
expérience. Le capitaine d'Auxiron, profondément atteint par
ce fatal évènement qui, arrivé dans de telles circonstances,
devenait un désastre, mourut presque subitement en 1778, à
peine âgé de 47 ans. Ce ne fut que deux ans après, en 1780, que
le général de Follenay communiqua au marquis Claude de Jouffroy les plans et devis de la première société. A la suite de cette
communication, messieurs de Jouffroy et de Follenay, mutuel-
lement convaincus de la possibilité d'utiliser la vapeur pour la
navigation, formèrent en 1781 une nouvelle association entre eux
et les héritiers d'Auxiron pour l'obtention du privilège promis
à la première société. En conséquence, un nouveau bateau fut
construit sous la direction de Claude de Jouffroy à Ecully,
près de Lyon, et le 25 juillet 1783, en présence du lieutenant
général de police de Lyon, de l'abbé Monge, historiographe de
cette ville, et d'un grand nombre de savants et personnages
officiels, ainsi que de nombreux spectateurs, ce bateau remonta
par la seule force de la vapeur le cours rapide de la Saône.
Devant ce succès évident, le problème de la navigation à
vapeur était définitivement résolu en France et par des officiers
de l'armée française.

mis de descendre son prix de 20 fr. à celui de 5 fr., beaucoup plus abordable. Le *Pince-sève Renaud* exécute bien la section ainsi que l'enlèvement de l'écorce, et ne peut pénétrer dans la branche à inciser au delà de deux millimètres, le corps même de la branche de l'outil dans laquelle sont encastrées les lames coupantes, ne permettant pas à la coupure d'atteindre une profondeur supérieure au débordement des lames qui est de deux millimètres. La largeur de l'incision annulaire opérée par le coupe-sève Renaud est également de deux millimètres, suivant les principes de Lambry qui se servait spécialement de l'incision annulaire comme remède à la coulure et voulait, en conséquence, un recouvrement assez rapide de la section décortiquée. Cet instrument est bien en main dans ses petites proportions et est appelé surtout à rendre de bons services aux arboriculteurs et aux viticulteurs dans l'intérieur de leurs jardins.

2° COUPE-SÈVE DU BREUIL. — Le coupe-sève du Breuil a pour caractéristique la forme spéciale du ressort qui fait agir les lames du bec. Ses deux branches repliées à leur base et réunies en forme de forces font ressort et communiquent au bec les mouvements de la main. L'une des deux branches est engagée et se meut dans le milieu de l'autre pour produire, sous la pression des doigts, l'écartement ou le resserrement des lames du bec, qui opèrent l'incision annulaire à l'aide d'un mouvement tour-

nant du poignet et de l'avant-bras. « La pince coupe-
sève du Breuil a l'inconvénient de s'engorger[1] ; »
de plus, elle ne possède pas d'arrêt pour limiter la
profondeur de la section de l'écorce. Le travail de
ce type d'inciseur annulaire est donc forcément
défectueux.

Les *Pinces L. Pinsan*, dont nous donnons ci-après
la figure, se rapprochent beaucoup comme méca-
nisme général de la pince coupe-sève du Breuil.
Elles en diffèrent cependant à la fois par leur sim-
plicité et leur longueur bien moins grande (sept
centimètres au lieu de quatorze) qui oblige l'opérateur à les faire tourner avec les doigts autour de la
branche pour produire l'incision. Cette forme spéciale les rend d'un maniement plus facile sur les
treilles palissées contre des murs, lorsque la distance
ne permet pas au mouvement circulaire, produit
dans les inciseurs à branches longues par l'abaissement et le relèvement de la main, d'être assez complet pour enlever la totalité de l'anneau d'écorce.
Les pinces Pinsan opèrent nettement la section de
l'écorce, sans déchirure ; mais l'incision ne peut se
faire avec elle qu'en deux mouvements différents et
successifs. Dans le premier, l'opérateur, après avoir
engagé la branche à inciser entre les lames de l'outil à la place marquée sur la figure par le n° 1, lui
fait faire un ou deux tours avec une pression suffi-

---

1. A. Lesnes, *Journal d'agriculture pratique*, n° du 22 avril
1886.

sante pour couper l'écorce, mais avec un grand soin de ne pas les faire pénétrer dans le bois, les pinces Pinsan ne possédant pas d'arrêt pour régler la profondeur de leur coupe. Dans le second mouvement, l'opérateur, après avoir ramené la branche à la place marquée par le n° 2, c'est-à-dire en face des traverses intérieures situées au sommet des lames, enlève l'écorce au moyen d'une pression assez forte, mais qui doit être toutefois insuffisante pour attaquer l'aubier. L'incision annulaire opérée par les pinces Pinsan n'a que trois millimètres de largeur. Malgré le double mouvement qu'elles nécessitent pour chaque incision, le travail d'un homme produit encore avec leur emploi de 800 à 1.000 incisions par jour.

En raison de la bonne renommée de cet instrument dans la région du Sud-Ouest et de l'éloge qu'en faisait la commission du Comice de Cadillac en disant dans son rapport, déjà cité, sur l'incision annulaire dans le Bordelais : « Il nous a été impossible de comparer les mérites des divers instruments employés ; nous avons seulement remarqué que les sécateurs employés par MM. Lalande, à Illats, et Castaing, à Loupiac, déchiraient l'écorce, tandis que les pinces Pinsan la coupaient nettement, mais faisaient l'incision trop étroite, » nous avons demandé à leur inventeur, M. Louis Pinsan, propriétaire à Preignac (Gironde) et président du Comice viticole et agricole du canton de Podensac, communication

de son instrument et des résultats obtenus par son
emploi. M. Pinsan nous a répondu fort obligeam-
ment par l'envoi de ses pinces et du cliché qui nous
a permis d'en reproduire la figure, et nous saisissons
avec empressement cette occasion de le remercier de
ses intéressantes communications. Malheureusement
ses lettres nous annoncent en ces termes l'abandon
de la construction et de la vente de son instrument,
malgré les excellents résultats qu'il avait obtenus de
l'incision annulaire dès 1882, surtout sur ses vignes
plantées en Merlot, cépage si sujet à la coulure :
« J'ai vendu beaucoup de mes instruments, et je
dois vous le dire, sans presque aucun bénéfice que
celui d'être utile à la viticulture. Malgré qu'il m'en
reste encore 8 à 900, j'ai dû cesser la vente étant
arrivé à la présidence du Comice de Podensac, et
voici pourquoi : en 1884, je dénonçais les bons
résultats que j'avais obtenus contre la coulure par
l'incision annulaire, dans une séance du Comice de
Cadillac ; j'offrais en même temps les pinces de mon
invention. Je fus l'objet d'une critique malveillante
qui niait les bons effets de l'incision et traitait ma
communication d'absurde, d'idiotisme et blâmait la
vente de mes pinces. » Il est à regretter que M. Pinsan ait ainsi beaucoup trop tenu compte d'une opinion, tout au moins aussi excessive dans le fond que
peu académique dans la forme, opinion à laquelle le
rapport fait au même Comice par sa commission,
nommée en juin 1885, pour « rechercher les résul-

tats de l'incision annulaire pratiquée sur la vigne »,
infligeait moins de deux ans après un si éclatant
démenti ! Nous espérons que M. Pinsan aura trouvé
dans les faits consignés dans ce rapport, ainsi que
dans ses conclusions, une satisfaction suffisante
pour l'engager à confondre de nouveau la malveillance par de nouveaux succès dus à l'application
judicieuse de l'incision annulaire et à sa propagation
dans les vignobles du Bordelais.

3° PINCE A INCISER AUBRY. — La pince Aubry
opère l'incision de la même manière que la pince
coupe-sève du Breuil ; toutes deux sont également à
doubles lames, mais ne possèdent pas de régulateur
pour la profondeur de l'incision et le raclage de
l'écorce. La forme des branches de la pince Aubry
est toutefois différente, ainsi que son ressort qui
consiste en deux lames de cuivre s'emboîtant l'une
dans l'autre à leur sommet. Ce type d'inciseur est
caractérisé par la faculté d'écartement à volonté que
possèdent les doubles lames du bec, faculté qui permet à l'opérateur de donner à son incision la largeur
qu'il désire : « Léger, élégant et très solide, écrivait
M. E. A. Carrière dans le n° de juin 1887 de la
Revue Horticole, cet instrument a l'avantage que ses
deux lames, bien que mobiles, très solidement et
très ingénieusement reliées entre elles, peuvent
s'écarter et se rapprocher à volonté, sans aucune
difficulté, à l'aide d'une vis, ce qui permet de faire
l'incision plus ou moins large, suivant les dimen-

sions et la nature du rameau à inciser. Pour faire
usage de l'instrument, il suffit d'ouvrir l'inciseur et
d'y introduire le rameau, puis de peser légèrement
sur les branches de la pince et, faisant faire un ou
deux tours de manière à entamer et à enlever un
anneau d'écorce et à mettre ainsi l'aubier à nu. »
M. Aubry nous écrit, à la date du 7 mai 1889, que,
fabriquée par lui-même, sa pince vaut 10 fr. et
15 fr. quand il la fait fabriquer par des mains
d'ouvriers, et que, du reste, cet instrument lui est
très peu demandé, presque tout le monde prenant
l'inciseur ordinaire à doubles lames pour exécuter
l'incision annulaire.

4° INCISEUR ANNULAIRE FOLLENAY. — En raison
des nombreuses qualités qu'il doit posséder, un bon
inciseur était à la fois d'une invention et d'une
construction très difficile ; nous espérons, grâce au
concours d'un maître en sa partie, M. Renaud, coutelier à Lyon, être arrivé à procurer aux adeptes de
l'incision, ou à ceux qui veulent l'expérimenter, un
bon outil pour son exécution. Persuadé que, malgré
ses nombreuses qualités, notre instrument ne peut
devenir parfait que par les perfectionnements
qu'enseignera son usage, nous prions les personnes
qui l'emploieront de vouloir bien nous envoyer ici
(Lombard, par Quingey, Doubs), leurs observations
dont nous tiendrons compte immédiatement dans la
mesure du possible.

L'inciseur annulaire Follenay est un instrument

solide, d'un usage commode, facile et sans fatigue, même pour des femmes et des enfants. Il opère nettement et sans déchirure la section de l'écorce, en arrête la coupure à un millimètre environ suivant la pression de la main sur les branches. L'écorce est enlevée en même temps par les traverses intérieures, que le guide accompagnant les lames empêche de pénétrer dans l'aubier. Aucune déchirure de l'écorce ni de l'aubier ne peut se produire, pas plus que l'engorgement des lames par les morceaux de l'écorce enlevée. L'outil ne charge pas la main, saisit facilement et nettement dans son bec la branche

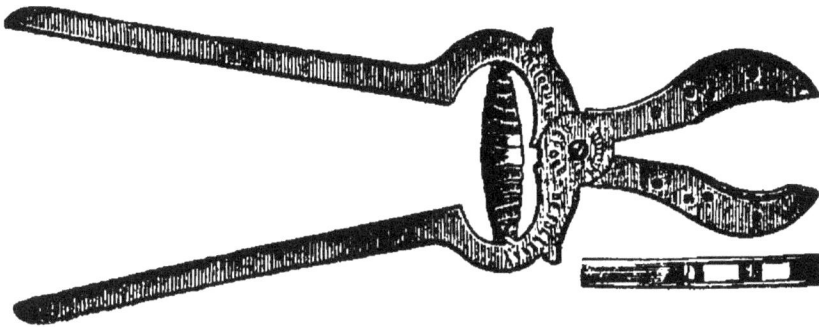

à inciser; il opère rapidement l'incision par un léger mouvement de rotation semi-circulaire du bec autour de la branche, mouvement obtenu par un simple haussement et abaissement du poignet, grâce à sa mise en main puissante et à la surface active très développée de ses lames tranchantes et râclantes. Un jeune garçon peut facilement inciser en moyenne un hectare de vignes de dix mille ceps, en trois jours, sans fatigue et sans crainte de dérangement des lames ou d'engorgement des rainures. Le démontage de l'outil, monté à l'aide de vis, est des plus faciles et permet instantanément l'aiguisage des lames tranchantes ou la visite intérieure des différentes pièces du bec. Un ressort, type comtois, à la fois très doux et incassable, permet à la main d'imprimer à volonté une force plus ou moins grande à l'action des lames et des traverses suivant la force du rameau et l'épaisseur de l'écorce.

L'inciseur annulaire Follenay se fabrique en deux numéros différents : le premier opère une incision de six millimètres de largeur; le n° 2 opère une incision de quatre millimètres seulement. Chacun peut donc choisir cet outil suivant la largeur qu'il croit la mieux adaptée à la vigueur comme à la grosseur du bois des cépages de ses vignes. Pour son usage spécial sur les treilles palissées contre les murs, il en existe un modèle sans branches, dont le peu de longueur permet facilement aux doigts de l'opérateur de le faire tourner autour de la branche ou du rameau herbacé dans un très petit espace.

Ces trois modèles de l'inciseur annulaire Follenay se trouvent chez M. Renaud, coutelier à Lyon, 14, rue Constantine, auquel leur excellente construction fait le plus grand honneur[1].

---

1. Le prix de l'inciseur Follenay est de 8 fr.; il se vend accompagné d'une notice sur son emploi et l'application judicieuse de l'incision annulaire à la vigne.

§ 3. — *Coût de l'exécution de l'Incision annulaire dans les vignobles.*

Nous avons vu précédemment que MM. Yvart et Vilmorin, dans leur rapport à la Société royale d'agriculture de Paris, « estimaient de huit à dix journées de travail le temps nécessaire pour opérer toutes les sautelles d'un arpent de 40 ares avec le simple greffoir. » Le travail, nécessité par l'application de l'incision annulaire à un hectare de vignes en Seine-et-Oise était donc alors estimé au prix de vingt à vingt-cinq journées, et malgré un chiffre assez élevé, ce rapport, qui valut au fameux Lambry « une médaille d'or décernée en séance publique en récompense du zèle et de la constance qu'il avait mis à pratiquer et à propager *cette utile méthode*[1] », n'en concluait pas moins qu' « il y avait encore un très grand avantage à pratiquer l'incision, dût-on se servir du greffoir ou d'un instrument équivalent ».

Aujourd'hui, soit qu'il s'agisse de l'incision simple, grâce à la pince à dents de scie Gagnerot, soit qu'il s'agisse de l'incision double ou annulaire, grâce à l'inciseur annulaire Follenay, le temps et la dépense nécessités par l'exécution de l'incision sont considérablement réduites.

1. Discours adressé par le Président M. le comte François de Neufchâteau à Lambry, en lui remettant solennellement, dans la séance publique du 13 avril 1817, la médaille d'or qui lui était décernée pour ses applications et sa propagation de l'Incision annulaire de la vigne.

Parlant de l'exécution de l'incision *simple*, M. Ch. Baltet disait déjà en 1872 dans sa première brochure sur la coulure du raisin[1] : « La main d'œuvre (pour opérer l'incision simple) est insignifiante en raison des résultats à obtenir. Jadis, il fallait quinze jours pour mal inciser un hectare de vignes avec une serpette. Aujourd'hui, avec les outils spéciaux (pour l'incision simple) quatre jours suffisent et le travail est bien fait. »

Avec l'inciseur annulaire Follenay, l'incision double ou annulaire demande aujourd'hui encore moins de temps et de dépense. Cette petite opération s'exécutant instantanément et sans fatigue avec cet instrument par un simple mouvement de haussement et d'abaissement du poignet, une femme ou un jeune garçon peut facilement opérer, en moyenne, un hectare de vigne en trois jours. On se convaincra facilement que cette indication de temps est un maximum par l'appréciation suivante de la dépense occasionnée par l'exécution de l'incision avec les pinces Pinsan et du Breuil, appréciation extraite du rapport de la commission du Comice de Cadillac : « Les renseignements que nous avons recueillis nous permettent de dire qu'une femme munie d'un instrument spécial (Pinces coupe-sève du Breuil ou pinces Pinsan) pourra faire de 600 à 800 incisions par jour, soit à 1 fr. 25 la journée, 2 fr. 50 à 3 fr. par journal ou

---

1. P. 19, Grenoble, 1872.

10 fr. par hectare de vigne à vide, c'est-à-dire dont la plantation est à deux mètres entre rangs et à un mètre dans le rang. » Si l'on veut bien se rappeler la manière assez compliquée dont s'opère l'incision avec ces instruments et comparer la longueur de leur exécution à la rapidité d'exécution de l'Inciseur Follenay, on restera convaincu que l'on peut parfaitement fixer, en moyenne, à trois journées de travail le temps nécessité par l'incision d'un hectare et au prix de ces trois journées la dépense occasionnée, en moyenne, par l'application de l'incision annulaire à un hectare de vignes.

Dans des conditions d'exécution aussi facile et aussi peu coûteuse, quel est le vigneron soucieux de ses intérêts qui ne voudrait, ainsi, assurer sa récolte contre la coulure et le défaut de maturité? Ce travail de l'incision, dont on avait voulu faire un épouvantail dans les vignobles, qu'est-il en réalité en comparaison des autres travaux de la vigne? Peut-il être mis seulement au même rang que le plus simple et le moins coûteux, un simple binage d'été, par exemple? Évidemment non; et cependant ce léger surcroît de dépense, assez faible pour passer inaperçu, rendra bien souvent tous les autres, si coûteux en comparaison, productifs pour le vigneron au lieu de peu rémunérateurs, en donnant à la fois quantité et qualité à la vendange! Rien n'est donc à la fois plus avantageux, plus facile et moins coûteux que l'exécution de l'incision annulaire de la vigne dans les vignobles même les plus étendus.

CHAPITRE VI

AVANTAGES DE L'INCISION ANNULAIRE

Les nombreux avantages de l'incision annulaire peuvent être rangés en sept catégories spéciales, comme nous l'avons indiqué déjà dans l'exposé général :

1° *L'Incision annulaire supprime la coulure CLIMATÉRIQUE* d'une façon plus ou moins complète, suivant les circonstances et conditions dans lesquelles elle se produit. On peut assurer qu'en fait, dans la plupart des cas et sur les généralités des cépages, la coulure climatérique est radicalement supprimée.

Sur ce point, comme sur tous les autres, les adversaires, plus ou moins éclairés, de l'incision lui adressent des reproches les plus opposée. Les uns, avec M. Escarpit, vice-président de la Société d'agriculture de la Gironde, dans son rapport sur l'incision annulaire à propos du Congrès viticole de Bordeaux en septembre 1886, déclarent : « que l'incision annulaire fasse grossir le grain, je veux le croire ; mais qu'elle empêche la coulure, je n'en crois rien. » Au contraire, les Champenois lui reprochent, en supprimant par trop complètement la coulure, de

nuire à la qualité des vins mousseux. Un grand propriétaire champagniseur des environs d'Epernay
nous écrit encore ce printemps : « Nos vignerons
prétendent que l'incision annulaire nuit ainsi à la
qualité du vin et que les marchands de vin de Champagne n'achètent pas le raisin des vignes incisées.
Je pense que leur méthode d'inciser est sans doute
mauvaise et que les inconvénients qu'ils signalent
peuvent résulter de leur manière d'opérer. »

M. Escarpit aura confondu la coulure *climatérique*
résultant des intempéries du printemps avec la coulure *constitutionnelle*, résultant de la conformation
défectueuse des organes sexuels de la fleur. On comprend facilement que la coulure constitutionnelle ne
comporte pas de remède et que l'incision annulaire,
pas plus que tout autre moyen, ne peut restituer à la
fleur les organes qui lui manquent ou l'activité qui
lui fait défaut pour nouer ses fruits.

Pour les Champenois, leur savant compatriote,
M. Ch. Baltet, s'est chargé de la réponse dans sa
brochure sur la coulure du raisin : « En Champagne, écrit-il, p. 20 (Troyes 1887), on parut regretter la coulure qui donnait à la cuve des grappes
moins compactes, préférables pour les vins nouveaux. Bons Champenois, que n'observiez-vous les
préceptes de la Quintynie! Le célèbre jardinier de
Louis XIV engage à faire couler les muscats trop
serrés en projetant de l'eau en pluie sur les fleurs
au moyen d'une pompe ou d'un arrosoir... »

2° *L'Incision annulaire accroît la fertilité du cep, la beauté des fruits ; elle augmente la grosseur du grain et le volume de la grappe ;*

3° *Elle avance de dix à vingt jours la maturité du raisin ;*

4° *Elle accroît de deux degrés environ la richesse saccharine du raisin,* par conséquent la qualité et la valeur du vin ;

5° *Elle augmente le rendement en jus du raisin* et par conséquent, en plus de la qualité, la quantité du produit ;

6° *Elle met à fruit les variétés et les individus que leur vigueur rend souvent infertiles et avance dans tous le moment de la fructification ;*

7° *Elle assure et hâte l'aoûtement du bois incisé, ainsi que sa facilité à s'enraciner par le bouturage.*

Un seul de ces nombreux avantages a été un certain temps discuté, en raison des circonstances défectueuses dans lesquelles le contrôle en avait été fait ; c'est celui qui concerne l'augmentation de la richesse saccharine du raisin et de qualité du vin. De nombreuses expériences « mathématiques » ont prouvé facilement, contre d'autres expériences entreprises sans les connaissances et les instruments nécessaires, la supériorité saccharine des raisins incisés, ainsi que la qualité supérieure de leur vin. Parmi celles que l'on doit considérer comme irrécusables, on peut citer la suivante rapportée par M. Baltet, l'un de ses auteurs : « En juillet et septembre 1869, une commission composée de MM. Fleury-Lacoste (Savoie), Laurens (Ariège), de la Loyère (Côte-d'Or), Gaudais (Alpes-Maritimes), du Miral (Cantal), Jaloustre (Puy-de-Dôme) et Ch. Baltet (Aube), fut déléguée par le Ministère de l'Agriculture pour examiner les effets de l'incision chez M. Ed. de Tarrieux à Saint-Bonnet, près Vertaizon (Puy-de-Dôme). Les vins de Saint-Bonnet provenant de vignes incisées, dégustés par la commission, ont été trouvés de meilleure qualité que les autres. Soumis au pesage glucométrique, au laboratoire de M. Duclaux, les moûts ont donné, pour mille grammes de moût :

Raisins incisés	*Raisins non incisés*
227.60 gr. de sucre.	217.50 gr. de sucre.
13.25 — d'alcool.	12.70 — d'alcool.
14.70 — Baumé.	14.25 — Baumé.

L'expérience eut lieu le 15 octobre 1869 ; nous l'avions déjà tentée un mois plus tôt avec les mêmes plants, et le succès n'était pas alors encore complètement acquis aux fruits incisés. »

Il en fut de même chez M. Laurens, président de la Société d'Agriculture de l'Ariège. La récolte fut évaluée à un quart en plus dans les vignes incisées, tellement la coulure fut paralysée ; les moûts contrôlés, vers la fin de septembre, au glucomètre, avec une exactitude rigoureuse, donnèrent l'avantage aux raisins incisés.

L'effet spécial de l'incision annulaire sur les principaux cépages des vignobles français ressortira d'ailleurs facilement aux yeux de tous au moyen du tableau synoptique suivant, inséré en novembre 1869 dans le journal d'Agriculture de Sociétés de la Haute-Garonne et de l'Ariège :

Cépages	Raisins incisés		
	Degrés Baumé	Alcool Centième	Sucre Centième
Gamay de Liverdun	12 3/4	15 3/4	24 3/4
Pineau blanc.................	13 »	16 »	25 »
Riesling.....................	10 1/2	13 »	20 1/4
Mataro......................	10 1/2	13 »	20 1/4
Cabernet Sauvignon..........	10 1/4	13 »	20 1/4
Sauvignon rose..............	12 »	14 3/4	23 »
Sémillon blanc..............	10 1/2	13 »	20 1/4
Muscadet (Sauterne)..........	12 »	14 3/4	23 »
Pineau noirien..............	12 3/4	15 3/4	24 1/2
Mausac blanc...............	11 1/4	13 3/4	21 1/2
Mausac rose	11 1/4	13 3/4	32 »
Petite Syrah	12 »	14 3/4	23 »
Furmint de Tokay...........	11 1/2	14 1/2	22 »
Roussane...................	11 1/4	13 3/4	21 1/2
OEillade...................	11 »	13 1/2	21 »

Cépages	Raisins non incisés		
	Degrés Baume	Alcool Centième	Sucre Centième
Gamay de Liverdun	12 1/2	15 1/3	24 »
Pineau blanc.................	12 »	14 3/4	24 »
Riesling.....................	9 1/4	11 1/2	18 »
Mataro......................	10 »	12 1/2	19 1/2
Cabernet Sauvignon..........	10 1/4	12 1/2	19 3/4
Sauvignon rose..............	11 1/2	14 1/4	22 »
Sémillon blanc	10 »	12 1/2	19 1/2
Muscadet (Sauterne)..........	12 »	14 3/4	23 »
Pineau noirien	12 3/3	15 3/4	24 1/2
Mausac blanc	11 1/4	13 3/4	21 1/2
Mausac rose................	10 3/4	13 1/4	20 1/2
Petite Syrah	12 »	14 3/4	23 »
Furmint de Tokay...........	11 1/2	14 1/4	22 »
Roussane	11 3/4	14 1/2	22 1/2
OEillade...................	9 4/4	12 »	18 3/4

Cépages	Différences en 100ᵐ de sucre		
	Supérieure	Egale	Inférieure
Gamay de Liverdun..........	0 3/4	» »	» »
Pineau blanc................	2 »	» »	» »
Riesling....................	2 1/4	» »	» »
Mataro.....................	0 1/2	» »	» »
Cabernet Sauvignon..........	0 1/2	» »	» »
Sauvignon rose..............	1 »	» »	» »
Sémillon blanc..............	0 3/4	» »	» »
Muscadet (Sauterne)..........	» »	» »	» »
Pineau noirien..............	» »	» »	» »
Mausac blanc...............	» »	» »	» »
Mausac rose	1 »	» »	» »
Petite Syrah...............	» »	» »	» »
Furmint de Tokay...........	» »	» »	» »
Roussane...................	» »	» »	1 »
Œillade	2 1/4	» »	» »

CHAPITRE VII

RÉPONSE AUX OBJECTIONS

Toutes les objections que la théorie a pu produire avec quelque apparence de raison contre l'application de l'incision annulaire aux arbustes en général se trouvent réunies d'une manière à la fois précise et scientifique dans le passage suivant, qui les résume toutes :

« S'il est admis en pratique, comme en théorie, que le système radiculaire d'une plante augmente annuellement et ne se constitue qu'avec l'aide et par la puissance de la sève descendante, on a beau dire et beau faire, chaque fois qu'un enlèvement, une décortication quelconque intercepte et entrave son cours, il y a alors forcément *suspension dans la marche descendante de la sève* et par conséquent aussi dans la formation du système radiculaire. Et alors, si *le cours de la sève est suspendu,* si *l'émission des racines est empêchée,* s'il est reconnu en un mot par tous les physiologistes que *la partie supérieure du végétal incisé devient plus lourde et plus dense par l'effet de l'incision que la partie inférieure du même végétal,* l'affaiblissement de tout le système radiculaire, de tout l'organisme inférieur et même supérieur du végétal peut-il être mis en doute? Et si cet affaiblissement est provoqué annuellement, sous n'importe quel prétexte, n'est-ce pas amener graduellement ce pauvre végétal dans un état certain de prostration [1]. »

La réponse est aussi facile que concluante : avec notre système d'application de l'incision annulaire à la vigne, *il n'y a pas de suspension dans la marche descendante de la sève,* par conséquent dans la formation du système radiculaire; *le cours de la sève n'est pas suspendu, l'émission des racines n'est pas empêchée par l'application de l'incision annulaire,* telle du moins qu'elle doit être judicieusement pratiquée. Quant *à la partie supérieure du végétal, elle ne peut devenir, par l'emploi, même*

---

1. Gagnaire, horticulteur à Bergerac.

suivi, de l'incision, plus dense que la partie infé-rieure, puisque la petite partie du végétal située au dessus de l'incision disparaît chaque année à la taille du printemps.

Pour établir ces méfaits imaginaires, les détrac-teurs de l'incision annulaire raisonnent toujours dans l'hypothèse absurde où elle serait appliquée sur la tige même du cep ou tout au moins sur toutes les branches qui constituent sa charpente. Alors, à la vérité, le cours de la sève élaborée pour-rait être interrompu dans ses mouvements de retour vers le sol, l'émission de nouvelles racines pourrait être empêchée, et toute la plante aller progressive-ment en s'affaiblissant jusqu'à une mort plus ou moins éloignée, suivant sa vigueur et l'intensité de l'incision. Mais, en fait, il n'en est rien avec notre système rationnel d'application à la vigne. Bien loin, en effet, d'être faite sur la tige du cep ou sur ses branches principales, l'incision annulaire n'est *jamais* pratiquée sur aucune partie du vieux bois et *seulement* vers le sommet de quelques branches à fruit.

Dans de telles conditions, cette excellente opéra-tion produit certainement tous ses bons résultats sans aucun danger pour la plante et sans inconvé-nient pour son système radiculaire. L'incision n'a d'autre but qu'une avantageuse mais équitable répartition de la sève élaborée entre toutes les branches laissées au cep par la taille, avec la double

mission de préparer le bois de l'année suivante et de
fournir la récolte de l'année courante. Ce double
résultat est facilement obtenu à l'aide de la pratique
rationnelle qui laisse son libre retour vers le sol à
la sève des branches à bois et des premiers bourgeons des branches à fruit incisées et n'accapare au
profit de la récolte que la sève de quelques sommités
de ces mêmes branches.

Lorsqu'au moment de la taille, le vigneron se
place devant un cep de vigne pour le soumettre à
une amputation autrement sérieuse que l'enlèvement
d'un anneau d'écorce, il fait deux parts du bois qui
le couvre. La première, la plus considérable certainement, est d'abord complètement retranchée
comme inutile ou dangereuse ; la seconde, formée
des quelques rameaux conservés, est ensuite parta-
gée en deux moitiés égales. L'une, taillée court et
réservée pour le renouvellement du bois, n'est jamais
incisée ; l'autre, taillée plus ou moins long et destinée à la production du fruit, ne reçoit l'incision
qu'au dessus des premiers yeux de sa base, plus ou
moins haut, suivant les circonstances. Comme dans
tout mode de taille rationnel, chaque branche à
fruit doit être accompagnée, au dessous d'elle, de
son courson de remplacement, quelle que soit sa
longueur ; comme, de plus, l'incision des seules
branches à fruit n'a jamais lieu qu'au dessus des
premiers yeux de la base de ces branches et seulement vers le milieu de quelques-unes lorsqu'elles ne

sont pas pourvues de leur courson de remplacement, il s'ensuit forcément que la plus grande partie de la sève descendante fait librement retour aux racines. Il ne peut donc jamais arriver de suspension dans la marche de la sève élaborée ni d'arrêt dans la formation des racines, puisque toute celle élaborée par les deux yeux de chaque courson de remplacement, ainsi que par les premiers bourgeons des branches à fruit, reste toujours parfaitement libre de tous ses mouvements. Il en serait de même dans le cas où le cep serait entièrement soumis à la taille la plus courte, attendu que la moitié inférieure des coursons de chaque bras destinée à donner le bois de remplacement ne reçoit jamais l'incision, et que la moitié seulement des coursons est incisée à leur sommet lorsqu'ils ne sont pas accompagnés sur le même bras d'un autre courson destiné à produire spécialement la taille de l'année suivante.

Il ne peut donc jamais, *dans de telles conditions* du moins, résulter de l'application de l'incision annulaire aucune privation de sève descendante pour les racines, ni aucun arrêt dans l'accroissement normal du système radiculaire.

Voici comment répondait déjà, en 1885, aux reproches des détracteurs un peu sourds de l'incision annulaire, M. Léglize, un éminent viticulteur de Preignac, ancien praticien convaincu des heureux effets sans inconvénient de son application à la vigne : « L'incision faite *sur le vieux bois* au dessus des coursons qui doivent composer le rameau des pousses de l'année ruine le système radiculaire des arbres, surtout lorsqu'elle est trop large, parce qu'alors la sève descendante n'arrive pas à temps pour la formation des nouvelles racines.

« Voilà l'exacte vérité, mais cela ne ressemble en aucune façon à l'opération indiquée ; le reproche qu'on fait à l'incision annulaire *empêchant tout retour de la sève descendante* ne saurait atteindre l'incision pratiquée *sur deux branches seulement et encore au dessus des trois premiers bourgeons.*

« Supposons un cep de vigne taillé d'après le système Guyot avec deux coursons de chacun quatre bourgeons et deux astes, sur lesquelles l'incision serait faite au dessus du troisième bourgeon.

« Au premier départ de la végétation, vous avez la sève élaborée par quatorze bourgeons qui descendra sans difficulté et servira à la formation des racines ; il ne manquera donc à ce cep de vigne pour la formation radiculaire que l'élaboration de la sève des bourgeons situés au dessus de l'incision, laquelle n'a que 4 à 5 millimètres de largeur.

« En juillet, les bords du liber se seront rejoints ; à ce moment, la coulure ne sera plus à craindre, et les bourgeons des astes situés au dessus de l'incision élaboreront, eux aussi, la sève qui descendra dans le système radiculaire.

« Donc, pas d'appauvrissement, et, par conséquent, pas de mort certaine du végétal.

« L'expérience de plusieurs années m'autorise à affirmer ce que j'avance[1]. »

Quant à la formation au printemps des nouvelles spongioles que l'on accusait également l'incision d'empêcher, il suffira de faire remarquer que l'application de l'incision annulaire à la vigne ne peut en rien l'entraver, si tant est qu'elles existent, ce qui est douteux pour le moins, en tout cas, qu'elle ne peut empêcher la formation des nouvelles radicelles, puisqu'elle ne demande pas à être pratiquée avant la floraison. Les premiers retours de toute la sève au printemps jusqu'à la floraison ont donc tout le temps de provoquer la formation des nouvelles radicelles, de favoriser à la fois le départ de la végétation et son activité à son début, puisque la floraison n'ayant lieu qu'au mois de juin, toute la sève de la plante reste absolument libre de ses mouvements pendant les deux ou trois premiers mois de la végétation.

Objectera-t-on que toute la sève d'une plante est nécessaire à sa vitalité et que l'on n'en peut distraire même cette partie relativement minime, élaborée par les sommités de quelques branches à fruit et accaparée plus spécialement au profit de la récolte? Maintiendra-t-on seulement que la sève de toutes les branches d'un végétal doit absolument faire retour à ses racines comme nécessaire à cet équilibre fatidique entre sa partie souterraine et sa partie aérienne

---

1. *Moniteur vinicole*, juin 1865.

qui est le grand cheval de bataille de l'opposition et résume en lui seul l'argumentation, toute en dehors, du reste, des détracteurs de l'incision annulaire?

D'abord, ce fameux équilibre, indispensable en théorie et assez difficile aussi bien à rencontrer qu'à vérifier en pratique, n'est pas encore un article de foi, tout au moins dans un sens absolu. La meilleure preuve, c'est que nombre de végétaux s'en passent, par exemple, les plantes grasses, dont la racine n'a d'autre fonction que de les fixer au sol, et même de grands arbres comme les palmiers, les arbres verts, etc., dont les racines sont courtes et peu abondantes relativement à leur volume aérien, tandis que d'autres plantes herbacées, comme la luzerne, ont de longues racines répandues dans toutes les directions.

La nature elle-même n'en détourne-t-elle pas une partie plus ou moins grande et souvent considérable au profit de la fructification? Faudrait-il donc renoncer, en faveur des racines et surtout des principes d'une physiologie végétale aussi mal comprise qu'exagérée, au but suprême de toute culture qui est la récolte, la fructification *naturelle* amenant souvent l'affaiblissement momentané, et quelquefois même le dépérissement de l'arbuste?

Ensuite, si toute la sève de toutes les branches d'un végétal était indispensable à ses racines sous peine d'entraîner son affaiblissement immédiat et sa ruine prochaine par le ralentissement ou l'arrêt de l'accroissement de son système radiculaire, que deviendraient tous les modes de taille et de direction des arbustes? Il faudrait forcément renoncer à tout retranchement, rejeter par conséquent la taille du printemps, l'ébourgeonnage et l'épamprage de l'été, l'effeuillage de l'automne et abandonner en toutes saisons les pincements. Que peut être, en effet, la simple séparation corticale des sommités de quelques branches à fruit vis à vis de ces considérables amputations successives? De quelle quantité, relativement énorme de sève élaborée, le retranchement de l'ancien bois par la taille, l'enlèvement des nouveaux bourgeons par les opérations en vert, en conséquence la suppression de tant de feuilles, ne privent-ils pas les racines, en proportion de celle relativement si minime accaparée partiellement au sommet de quelques branches au profit particulier du fruit. Si la sève de toutes les branches d'un arbuste était nécessaire à ses racines pour le maintien du fameux équilibre, il faudrait absolument renoncer à toutes ces opérations traditionnelles qui ont fait passer la vigne de l'état sauvage à l'état civilisé et l'y maintiennent aujourd'hui. Comment, sans elles, domestiquer ces nouvelles espèces américaines, à l'aide desquelles nous parvenons enfin à nous défendre contre le mal terrible qu'elles ont apporté? Au lieu de diriger chaque année, grâce à ces retranchements raisonnés, le cep vers une fructification avantageuse, le vigneron devrait se garder de rompre cet équilibre, en n'enlevant jamais la moindre partie du bois que les racines auraient fait pousser sur la tige et même à sa base. Il faudrait donc respecter soigneusement les anticipés et les inutiles et ne réprimer aucun excès de végétation ; gourmands et faux bourgeons pourraient s'en donner à cœur joie ; la vigne devrait se développer à sa fantaisie en toute liberté, et finalement la tige elle-même disparaître sous l'encombrement de son expansion jusqu'à ce que de la stérilité elle arrive à la mort par le développement de ses nombreux rejetons ?

Dira-t-on que la taille du printemps et les autres opérations en vert, en enlevant entièrement les branches et les bourgeons sacrifiés, suppriment pour eux toute fourniture de sève venant des racines, tandis que l'incision annulaire laisse encore la sève ascendante monter par l'étui médullaire dans les parties des branches au dessous desquelles elle a été pratiquée ? Mais cette sève ascendante n'est que de l'eau chargée à peine de quelques principes minéraux et carbonés dont la plus ou moins grande dépense ne peut fatiguer les racines. Le vigneron le sait bien, puisqu'il n'attache en général aucune importance aux pleurs de la vigne et l'expérience du Dr Guyot passant au fer rouge les sommités des sarments, aussitôt après leur section lors de la taille du printemps, pour supprimer ces pleurs, a démontré, *en fait,* leur complète innocuité, puisque la végétation des ceps cautérisés n'a pas été meilleure que celle des ceps qui avaient pleuré en toute liberté.

Théoriquement, c'est ici le cas ou jamais de rappeler cette parole de Dumas : « Les plantes ne sont que de l'air condensé; » et sans exagérer le rôle des feuilles, ni l'apport de l'atmosphère qui est de 92 à 94 0/0 contre 6 à 8 0/0 fournis par le sol, on peut dire au pis aller que c'est simple affaire du vigneron de maintenir à l'occasion de son terrain les éléments minéraux dont la vigne peut avoir besoin, ou d'y apporter ceux qui ne s'y trouvent pas naturellement en quantité suffisante. Avec ou sans incision, ce n'est jamais qu'en fournissant au sol et en mettant à proximité des racines les éléments minéraux et azotés dont la vigne peut avoir besoin, c'est-à-dire la chaux ou les phosphates qui font la richesse saccharine du raisin, la potasse qui pousse au développement des sarments et assure la santé du cep ainsi que le sulfate de fer qui procure en plus la coloration si recherchée du vin et des fruits, qu'une saine et fructueuse végétation viendra chaque année assurer l'avenir de la plante et réjouir le vigneron. Mais, en plus, avec l'incision judicieusement pratiquée, le raisin, pourvu dès sa naissance d'une nourriture riche et abondante, traversera sans encombre les pluies froides du printemps qui amènent la coulure et arrivera de bonne heure à sa parfaite maturité; les fruits mieux nourris seront aussi plus abondants et plus sucrés; la récolte sera à la fois assurée et augmentée, sans que les racines aient eu plus d'ouvrage ou que la plante ait éprouvé une plus grande fatigue. La seule différence est, alors, que le vigneron a mieux utilisé par l'incision le travail des feuilles, comme l'expérience et la tradition lui avaient déjà appris à mieux utiliser la vigueur au profit de la fructification par la taille et les autres opérations en vert.

Comme conclusion, il faut donc bien avouer que ces reproches de rupture d'équilibre entre la partie souterraine et la partie aérienne du végétal, de même qu'entre les divers étages de cette dernière, ne sont pas fondés ; qu'en conséquence, l'incision n'entraîne pas l'appauvrissement du système radiculaire et finalemet le dépérissement de la plante.

Les objections faites par la théorie à l'incision annulaire par suite d'une interprétation tout au moins exagérée des lois de la physiologie vegétale ne peuvent donc se soutenir. Et comme ces reproches sont les seuls qui soient appuyés de quelque apparence de logique, viticulteurs et vignerons en conclueront facilement qu'une opération si avantageuse et si facile, qui n'a contre elle que des reproches aussi peu fondés, devra être mise en pratique dans les vignobles, ou tout au moins essayée dès que les phénomènes météoriques du printemps pourront faire craindre la coulure et ceux de l'été un défaut de maturité du raisin.

CHAPITRE VIII

ESSAIS DANS LES VIGNOBLES FRANÇAIS

L'application de l'incision annulaire quitte pour la première fois le domaine de la science et sort de son expérimentation restreinte sur les treilles des jardins pour entrer dans la pratique des vignobles avec un célèbre pépiniériste de Mandres (Seine-et-Oise), nommé *Lambry*, qui prétend l'avoir essayée le premier dans les vignes en plein champ, en 1776. Ce qui est certain, c'est que cet habile viticulteur pratiqua pendant plus de quarante années consécutives l'incision annulaire dans ses vignobles de Seine-et-Oise avec les plus grands succès. Les rapports officiels et autres documents du temps constatent avec ampleur les résultats remarquables obtenus par Lambry à la fois contre la coulure et en faveur de la maturation plus hâtive du raisin. Ses succès furent prodigieux surtout en 1816, année pluvieuse et favorable à la coulure, et les vignerons les plus incrédules durent se rendre à l'évidence « en « voyant dans leurs vignes à peine quelques petites « grappes presque vertes pendant que Lambry ven-« dangeait à pleins paniers des raisins abondants,

« garnis de grumes gonflées et colorées, en com-
« plète maturation.

« M. Vibert, l'heureux père de jolies roses et de
« raisins succulents, voisin de Lambry, et qui assista
« aux visites officielles, disait en 1859, à la Société
« d'horticulture de Paris : « J'ai visité les vignes
« de Lambry ; la différence entre celles qui avaient
« été opérées et les autres était si frappante et si
« prononcée que les quarante-deux années d'inter-
« valle qui me séparent de cette époque n'ont pu
« effacer de ma mémoire l'impression que je ressen-
« tis alors. ¹ »

Nous verrons tout à l'heure dans un document
officiel que l'impression des visiteurs fut la même en
1886, année où la coulure fut également des plus
intenses pendant tout le mois de juin, à la vue
d'une vigne à laquelle j'avais appliqué l'incision
annulaire pendant la floraison.

Aussi, devant de tels résultats, y a-t-il rien d'éton-
nant, comme pourraient le croire les personnes qui
n'ont point étudié l'incision, à ce que le comte de
Montalivet, ministre de l'intérieur, dans son discours
à l'ouverture des Chambres en 1811, ait annoncé :
*l'abondance que l'heureuse découverte de l'incision
annulaire allait répandre sur la France?* « Vers
« cette époque (des premiers succès de Lambry con-
« statés par des pièces officielles), dit le comte

---

1. Ch. Baltet, *Coulure du Raisin*, Grenoble 1872, p. 21.

« Lelieur, l'ouverture des Chambres eut lieu pour
« la session de 1811, et M. le comte de Montalivet,
« alors ministre de l'intérieur, traçant dans son
« discours le tableau prospère de la France sous le
« rapport du progrès des sciences, des arts, des
« manufactures et en particulier de l'agriculture,
« annonça l'abondance que cette heureuse décou-
« verte allait répandre sur notre pays. » Malheureusement le ministre escomptait des résultats qui se
font encore attendre. Comme on pouvait bien le
prévoir, le hasard, la maladresse, le manque de connaissances spéciales et le défaut d'indications pré-
cises, aussi les évènements politiques, retardèrent
l'application de l'incision dans les vignes en plein
champ et finirent bientôt même par faire perdre le
souvenir des succès, cependant si remarquables,
obtenus avec elle par Lambry.

Cette abstention des vignerons est d'autant plus
regrettable que les quelques applications de l'incision annulaire dont nous avons connaissance dans
les vignobles des diverses contrées viticoles de la
France ont été partout couronnées de succès.

Dans la *région du Nord,* M. Belly de Bussy, conseiller général et l'un des plus grands propriétaires
de vignes, après avoir appliqué l'incision annulaire
pendant de nombreuses années et sur de grandes
surfaces, déclare, dans les Annuaires de l'Aisne de
1820 à 1825, que l'incision a produit un vin plus
abondant et meilleur : sur dix arpents, il a récolté

dix fois plus que ses voisins, à surface égale, grâce à l'incision annulaire.

En *Champagne*, MM. Baltet ont obtenu les meilleurs succès. « Nous avons parfaitement réussi, écrit M. Ch. Baltet, avec les cépages à cuve de nos contrées, le Pineau et le Gamay. »

Dans le *Nord-Est*, MM. de Maudhuy, conseiller de préfecture de la Moselle, et Bouchotte, colonel d'artillerie, frère du ministre de la guerre, faisaient, en 1828, devant l'Académie de Metz, en conséquence du succès de leurs propres expériences, l'éloge de l'application de l'incision annulaire dans les vignobles. Dans le *Bulletin des Sciences agronomiques*, ils rapportent, en effet, qu'une vigne de 35 ares fut incisée en 1821 ; on la vendangea quinze jours avant les vignes voisines ; or, tandis que celles-ci étaient ravagées par la coulure, l'autre en était exempte et se trouvait abondamment chargée de raisins. Le colonel Bouchotte répéta l'opération sur cette même vigne pendant plusieurs années avec le même succès.

Dans la *région du Centre*, l'incision simple ou annulaire est assez répandue. Elle est notamment de tradition dans la famille de M. de Tarrieux, dont le grand-père incisait déjà ses vignobles d'Auvergne. M. Ed. de Tarrieux, continuant la tradition paternelle, pratique chaque année l'incision, sur le quart de ses vignes seulement, à cause du manque de bras (maintenant cette difficulté de la main d'œuvre est supprimée par mon inciseur annulaire), dans son domaine de Saint-Bonnet, près Vertaizon (Puy-de-Dôme). Il l'appliquait déjà depuis plus de vingt ans en 1869, époque à laquelle une commission composée de viticulteurs éminents fut déléguée par le ministre de l'agriculture pour examiner sur place les effets de cette application persévérante. Le *Journal d'Agriculture pratique* inséra à ce sujet les rapports de MM. Dubreuil et Jules Guyot. Le célèbre docteur se chargea de la conclusion, en disant : « L'incision « annulaire, pratiquée au moment de la floraison, « empêche la coulure, fait grossir le raisin, avance « la maturité et donne de meilleur vin. »

De nouveaux exemples de l'application de l'incision annulaire ne feront que confirmer encore le certificat de grande utilité sans inconvénients, qui lui a été donné par une voix aussi autorisée, en nous montrant les mêmes succès dans les autres régions de la France.

Dans le Midi, M. Laurens, président de la Société d'agriculture de l'Ariège, appliqua, au printemps de 1869, l'incision sur une seule branche dans une vigne de 18 ares, complantée de 15 cépages différents, cultivés en treilles à longs cordons. Bien qu'opérant pour la première fois et avec un couteau, la coulure fut paralysée à ce point, sur les 600 branches incisées, que la récolte fut évaluée à un quart en sus. Les moûts, controlés avec une exactitude rigoureuse au glucomètre, donnèrent l'avantage à tous lés raisins incisés, sauf à ceux de la Roussane.

La région du Sud-Ouest compte déjà depuis quelque temps des adeptes fervents de l'incision annulaire. M. de Malafosse, dans son rapport de cette année sur la visite faite aux vignobles de la Gironde par les délégués de l'Union des Syndicats du Sud-Ouest, rapporte le fait suivant : « A Saint-Maixent, un grand propriétaire, M. Collineau, a planté une vigne entre les remblais de protection des palus et le cours même de la Garonne. Notre étonnement fut grand, lorsque nous vîmes ce carré de pampres chargé de raisins, qui non seulement n'avaient pas coulé dans une situation semblable à celle de nos ramiers les plus bas, mais encore étaient plus avancés en maturité. Que l'on ne voie pas là un exemple sur un point isolé et exceptionnel. M. Collineau a opéré cette année sur quatre-vingt-quatre mille ceps, après avoir fait des essais heureux depuis cinq à six ans. »

Un viticulteur du Bordelais écrivait, en 1885, au *Moniteur vinicole* (n° du 29 mai) : « Propriétaire dans la Palus, où depuis plusieurs années la récolte était nulle malgré une grande apparence de mannes, je résolus de pratiquer l'incision annulaire. L'expérience que j'ai faite ne peut laisser aucun doute ; j'eus une belle récolte, tandis que la coulure ne laissa rien ou à peu près rien chez les propriétaires mes voisins. Elle est d'autant plus décisive que, sur un certain nombre de pieds de vigne, l'incision ayant été faite à une hàste et pas à l'autre, il ne resta rien sur celles où elle n'avait pas été pratiquée, tandis que les autres étaient chargées de fruits. »

Dans le rapport présenté en 1886, au Comice agricole de Cadillac (Gironde), par la commission chargée de la visite des vignobles afin d'y rechercher les résultats de l'incision annulaire pratiquée sur la vigne, se trouvent de nombreux exemples de l'heureuse application de cette avantageuse opération. A Sainte-Croix-du-Mont, chez M. Malgorne, à Preignac, chez MM. Pinsan et de Beaurepaire, les merveilleux effets de l'incision ont été constatés par la commission. « Notre conviction, écrit M. Cazeaux-Cazalet dans son rapport, a été définitivement établie lorsque nous avons eu examiné les résultats obtenus par M. Lalande, propriétaire à Illats. Dans un enclos de terrain sablonneux reposant sur un banc de rocher, nous avons vu plusieurs règes (30 à 40) de Parde ou Malbec dont tous les pieds avaient été incisés. Sur les hastes, au delà de l'incision, les raisins étaient bien développés, réguliers, sans grains verts, très noirs et les grains avaient certainement une grosseur démesurée. Sur les cots, au contraire, les raisins avaient les grains petits, flétris et encore rosés. A côté de ces grandes règes, on voyait de nombreux pieds de Parde ou Malbec non incisés, ayant peu de raisins, et des raisins sans régularité dont le grain était petit et peu mûr. En résumé, le résultat de l'incision était là très frappant à première vue et encore supérieur à ceux de Sainte-Croix-du-Mont et de Preignac. » Et plus loin, il ajoute : « Comme nous l'avons vu ailleurs, l'incision avait avancé la maturité de quinze jours ; les résultats de l'incision annulaire pratiquée sur les hastes sont indiscutables ; la coulure est diminuée sur la partie au delà de l'incision ; le fruit est mieux nourri et sa maturité est avancée. » « A Cadillac, chez M. Mathelot, sur une moyenne de vingt-cinq pieds incisés, seize présentaient un bon nombre de raisins, et sur vingt-cinq non incisés, quatre seulement avaient un aspect passable. A Loupiac, chez M. Castaing, nous avons examiné des résultats autrement frappants. »

Malgré le désir d'être bref, il est impossible de quitter le Bordelais sans rappeler au moins les succès de M. Léglize, viticulteur distingué de Preignac, l'un des plus fervents adeptes de l'incision annulaire de la vigne et l'un de ses vengeurs les plus vigoureux, à la fois par les magnifiques résultats de ses expériences pendant de nombreuses années et par les raisonnements puissants de sa dialectique, démontrant amplement l'inanité des attaques de la théorie. Nous avons donné dans le chapitre précédent, dont l'objet est la réponse aux objections qui ont pu jusqu'ici se produire contre la pratique, la démonstration éclatante de la parfaite innocuité de l'incision annulaire, judicieusement appliquée.

Enfin, la preuve spéciale des bons effets de l'incision dans la *région de l'Est* se trouvera, aussi complète que possible, dans le certificat suivant, constatant les succès obtenus, grâce à son application, en 1886, année où la coulure fut intense pendant tout le mois de juin, non pas dans une plante vigoureuse, mais dans une vieille vigne de très maigre végétation, louée pour cette expérience :

« Lombard, le 5 février 1887. Nous soussigné,
« maire de la commune de Lombard, arrondissement
« de Besançon (Doubs), certifions que M. le comte
« de Follenay, propriétaire dans cette commune, a
« appliqué l'incision annulaire au printemps der-
« nier à une vieille vigne peu vigoureuse et ayant
« des sarments de taille assez chétifs; — que cette
« vigne a échappé complètement à la coulure qui a
« fortement sévi sur tout le vignoble; que cette
« vigne a montré, depuis cette incision, une vigou-
« reuse végétation en avance de plus de quinze
« jours sur les autres du pays; — qu'elle a été ven-
« dangée le 22 septembre, alors que les vendanges
« du vignoble n'ont eu lieu que du 18 au 28
« octobre; — qu'elle a produit plus de deux quar-
« rits de 80 litres par ouvrée de trois ares alors que
« la moyenne du pays était inférieure à un quarrit
« par ouvrée, et que notamment vingt-trois ouvrées
« de vignes environnantes, en bon état, cultivées
« avec soin par la même main depuis longtemps et
« emplantées des mêmes cépages, ne produisaient

« en tout que sept quarrits de maigres grapilles;
« — qu'au contraire des autres vignes éprouvées par
« la coulure, les raisins en étaient gros et bien
« mûrs; — qu'aujourd'hui cette vigne offre à la
« taille de beaux sarments bien aoûtés, vigoureux
« et bien supérieurs à ceux du printemps dernier;
« — en somme, que l'incision annulaire, appliquée
« par M. de Follenay à cette vieille vigne, a produit
« de merveilleux résultats. — En foi de quoi nous
« avons délivré le présent certificat pour rendre
« hommage à la vérité, et nous avons signé. »
(Signature du maire et cachet de la mairie.)

Jamais résultats pratiques ont-ils pu être à la
fois plus complets et plus probants, d'autant mieux
que rarement la coulure avait sévi aussi longtemps
et aussi fortement sur des vignes aussi bien prépa-
rées à une abondante fructification par leur magnifique floraison ?

Une nouvelle preuve des plus concluantes
convaincrait même les plus incrédules de l'efficacité
de l'incision annulaire contre la coulure et le défaut
de maturité. L'incision fut pratiquée entre le
deuxième et le troisième œil de la base de la corgille. Tous les bourgeons situés *au dessus* de l'incision ont vu leurs fleurs échapper complètement à la
coulure et toutes leurs grappes ont donné à la vendange de gros raisins à grains serrés et mûrs également, tandis que les deux rameaux situés *au dessous* de l'incision, sur cette même branche, ont vu la

coulure emporter leurs apparues et ont donné de maigres grapilles de quelques grains d'une inégale et tardive maturité. De sorte qu'à la vendange, sur tous les ceps apparaissait le phénomène suivant : jusqu'au troisième œil de la branche à fruit, coulure complète en dessous de l'incision, à peine quelques petites grapilles encore en verjus ; au troisième œil au contraire, ainsi que sur tous les rameaux issus des yeux supérieurs à l'incision, nulle trace de coulure, de belles grappes bien mûres au 20 septembre.

Ainsi, deux yeux se suivant immédiatement sur la branche, mais séparés par elle, le 3e et le 4e, offraient sur tous les ceps, l'un, celui du dessous, le spectacle de la plus lamentable stérilité, l'autre, celui du dessus, les preuves avantageuses de la plus agréable fertilité.

A quelle cause attribuer d'aussi merveilleux résultats, en dehors de l'incision annulaire?

Une dernière preuve de son efficacité, car elles abondent. Quelques ceps non incisés avaient été laissés comme témoins par endroits dans la vigne ainsi traitée. Tous, sans exception, ont subi une coulure intense, comme les deux premiers bourgeons des corgilles incisées, ont mal mûri leurs maigres grapilles ainsi que leurs bois, au milieu des ceps incisés couverts de belles grappes, arrivées, comme leurs bois, à parfaite maturité.

Malgré les attaques de ces rares adversaires théoriques, on peut donc dire que la théorie et la pratique se réunissent dans un accord assez rare pour proclamer les heureux résultats de l'incision annulaire, judicieusement appliquée à la vigne et engager viticulteurs et vignerons, sinon à l'adopter entièrement, du moins à l'essayer sans délai. La pratique et l'expérience viennent en effet de donner des preuves convaincantes de ses bons effets, après que la théorie avait déjà expliqué les raisons physiologiques de ses excellents résultats.

Après avoir décrit la pratique de l'incision annulaire et la meilleure manière de l'appliquer, suivant les circonstances, sur les treilles de nos jardins comme dans les vignobles les plus étendus, après avoir fourni des preuves éclatantes de ses bons effets, il ne nous reste plus maintenant qu'à souhaiter à ce petit livre de procurer à tous, par l'application judicieuse de l'incision, les succès que ses partisans en ont toujours obtenus.

CONCLUSION

Dans la période de désastres économiques et de fléaux climatériques que traverse la viticulture française, en présence des maladies cryptogamiques et des ravages des insectes qui depuis quelque temps déjà accablent la pauvre vigne de toutes parts, au point de mettre quelquefois même son existence en péril, on ne saurait trop étudier et essayer les remèdes et les préservatifs, malheureusement trop rares, qui peuvent lui permettre soit de les éviter, soit d'y résister.

A plus forte raison, doit-on appliquer et répandre une pratique si peu coûteuse et si simple, qui est à la fois un préservatif contre un mal considérable, la *coulure*, un remède contre le *manque de maturité*, un précieux auxiliaire de la *quantité comme de la valeur de la vendange et du vin.*

L'incision annulaire utilise en effet parfaitement et spécialement les deux sèves, dispense la fertilité, assure l'existence comme la qualité de la récolte. Avec elle, aucune partie du précieux cambium ne sera perdue pour la fructification et l'accroissement ; d'abondantes provisions assureront l'avenir du raisin dès sa naissance et la production sera portée à son maximum, tout en respectant l'avenir et la vigueur de la plante. Par là même, la culture la plus intensive de la vigne sera substituée à son exploitation, hélas ! trop extensive généralement, au moins comme résultat.

Avec l'incision judicieusement pratiquée, nous verrons à nouveau ses pampres se couvrir de grappes nombreuses, grosses et sucrées, source abondante d'un vin généreux qui réjouira le vigneron et le payera de ses peines, bonheur, hélas ! depuis si longtemps inconnu dans beaucoup de nos contrées que c'est à peine s'il lui reste encore aujourd'hui... l'espérance.

Aussi plaçons-nous, en terminant, l'incision annulaire, comme sa meilleure recommandation, sous la puissante égide du célèbre viticulteur moderne, le Dr Guyot, qui, après une longue étude comparative dans différents vignobles, a fini par déclarer avec la plus entraînante conviction :

« L'*Incision annulaire*, pratiquée au moment de la floraison, empêche la coulure, fait grossir le raisin, avance la maturité et donne de meilleur vin. » Dr Jules Guyot, *Rapport sur la viticulture à l'Exposition universelle de 1867.*

« L'*Incision annulaire*, pratiquée un peu avant la floraison, est un moyen très efficace de conjurer à peu près toutes les causes de la coulure. Elle augmente le volume des grappes et en avance la maturité. C'est un moyen éprouvé et qui prendra un rang distingué dans la viticulture progressive. » Dr Jules Guyot, *Etudes des vignobles de France*, t. III, p. 117.

« Je reconnais donc, et je proclame aujourd'hui l'importance de l'incision annulaire ; J'IN-

VITE TOUS LES VITICULTEURS, surtout ceux qui emploient les branches à fruits, A L'ESSAYER. » Dr Guyot, *Etudes des vignobles de France*, t. III, p. 117.

FIN

TABLE DES MATIÈRES

LA COULURE DU RAISIN

CHAPITRE IV

LA COULURE CONSTITUTIONNELLE

CHAPITRE V

LA COULURE ACCIDENTELLE

L'INCISION ANNULAIRE

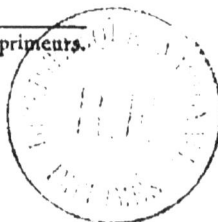

Mâcon, Protat frères imprimeurs.

MÂCON, PROTAT FRÈRES, IMPRIMEURS.

www.ingramcontent.com/pod-product-compliance
Lightning Source LLC
Chambersburg PA
CBHW071631200326
41519CB00012BA/2247